AF341061

ARMÉE TERRITORIALE

CLICHY. — Imp. PAUL DUPONT, rue du Bac-d'Asnières, 12.

GUIDE-MANUEL

DU SOLDAT

DE

L'ARMÉE TERRITORIALE

CONTENANT

LA LOI DU 24 JUILLET 1873,
LES THÉORIES LES PLUS UTILES A CONNAITRE
ET RELATIVES A

L'INFANTERIE, LA CAVALERIE, L'ARTILLERIE.

PRÉCÉDÉS ET SUIVIS DE RENSEIGNEMENTS
SUR LES UNIFORMES, LA DISCIPLINE, LES DÉSERTEURS,
LOIS ET RÈGLEMENTS MILITAIRES.

OUVRAGE ENTIÈREMENT NOUVEAU

1875

PARIS

LE BAILLY, ÉDITEUR

Rue Cardinale, 6 et rue de l'Abbaye, 2 bis.

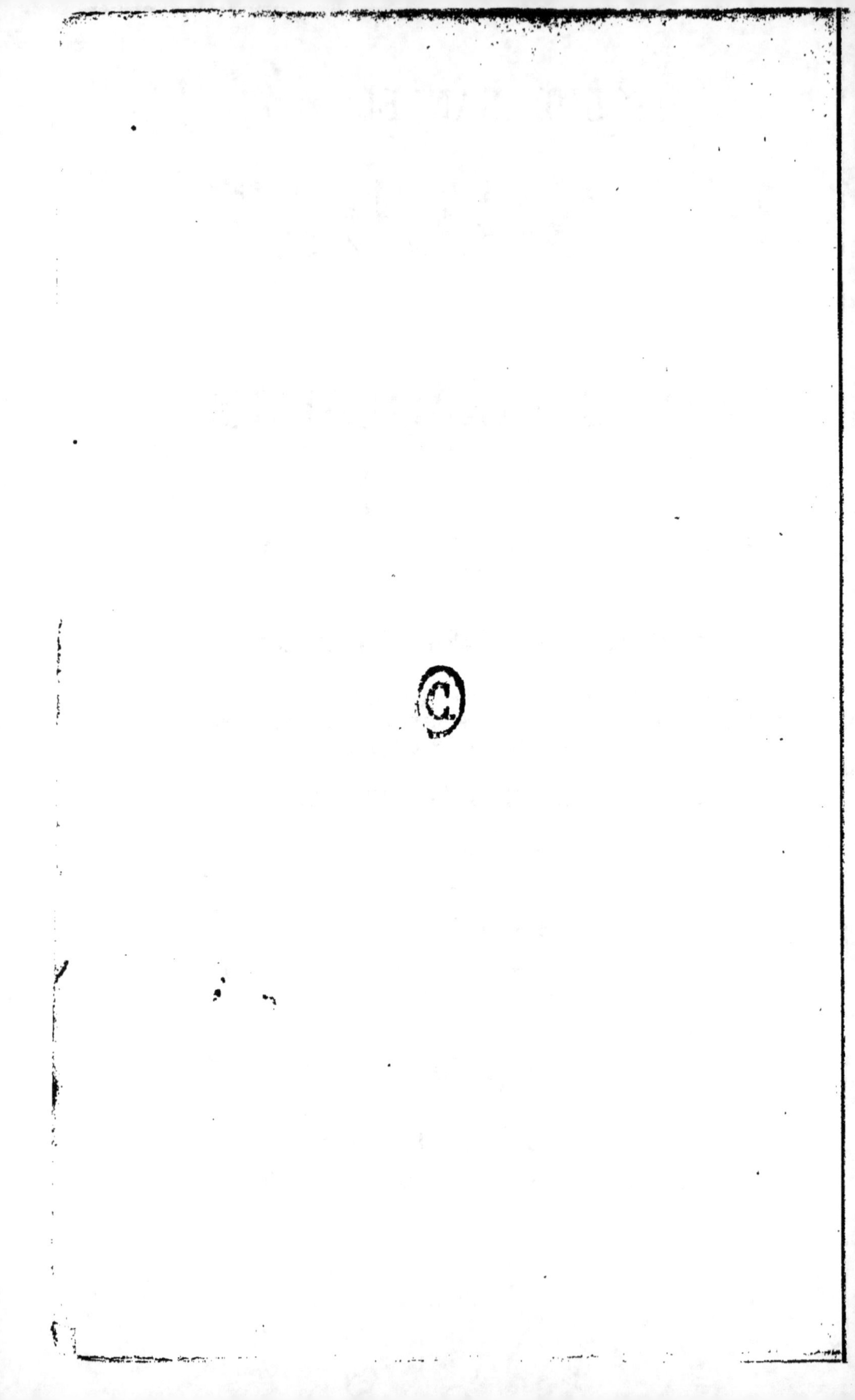

AVANT-PROPOS.

La nouvelle organisation de l'armée et la création
de l'armée territoriale nous ont imposé le devoir, dans
l'intérêt de nos concitoyens, de réunir en un volume,
du format le plus commode et le plus portatif, une
sorte de recueil où le soldat puisse trouver réunis
tous les renseignements dont il peut avoir besoin.
La première des choses est la loi elle-même ; puis
la théorie militaire pour les manœuvres et l'usage
de chacun des corps : INFANTERIE, CAVALERIE, AR-
TILLERIE.

Nous avons fait en sorte également que ce petit
ouvrage soit l'ami et le bon conseiller du soldat, son
vade-mecum. En dehors des instructions arides de
la théorie, nous avons donc cru devoir ajouter cer-

taines observations et certains renseignements que l'on pourra toujours consulter avec fruit.

Le présent ouvrage est non-seulement le livre du soldat sous les armes, mais aussi un livre utile à posséder chez soi pour connaître ses devoirs et savoir ses obligations.

On a fait courir dans nos campagnes les bruits les plus inquiétants sur l'armée territoriale, et il nous revient que dans certaines localités le fonctionnement des conseils de révision aurait produit quelque émotion. S'il en est ainsi, c'est que les personnes troublées ne se rendent pas bien compte ni des exigences de la loi, ni du but qu'elle se propose, ni des devoirs imposés par le patriotisme. En effet, une loi, dont l'urgence et la sagesse ont été universellement reconnues, ayant décidé qu'en dehors du service de l'armée active tous les Français jusqu'à 40 ans seraient astreints au service militaire dans l'armée dite territoriale, il est devenu logique et nécessaire de procéder :

1° A des opérations de recensement dans le but de dresser la liste des citoyens sur lesquels on pouvait compter ; 2° à des opérations de révision, dans le but de connaître le nombre et le nom des citoyens qui devaient être rayés des listes de recensement pour cause d'infirmités.

Malheureusement, en France, on se rend rarement compte de l'esprit et de la portée de ces

mêmes lois que, suivant un principe inscrit en tête
de nos codes, nul n'est censé ignorer; de sorte
que, dans certains villages, en voyant commencer
les opérations de révision, on a été jusqu'à s'ima-
giner que tous ceux qui ne se présenteraient pas
devant les conseils allaient être pris sur-le-champ
et même, l'esprit humain en général et l'esprit
français en particulier ne reculant devant aucune
aberration, que la réunion de ces conseils était le
prologue d'une sorte de levée en masse de toute la
population valide. De telles craintes sont absurdes,
et nous tenons à en signaler l'absurdité. Le gouvernement a, dans ce cas, fait un peu comme les
grandes maisons de commerce qui, à certaines
époques, dressent l'inventaire de leurs ressources
en marchandises, en matériel et en effets; le gouvernement a fait l'inventaire des bras qui peuvent
porter un fusil; de là à mettre ce fusil dans ces bras,
il y a une distance qui ne sera franchie qu'avec mé-
nagements et prudence.

Ne nous émotionnons donc point d'une chose
qui ne comporte pas la moindre émotion; que ceux
qui croient avoir des raisons d'exemption les fassent
valoir devant les conseils compétents; quant aux
autres, ils peuvent à la rigueur ne pas se déranger,
le gouvernement saura bien les trouver chez eux
lorsqu'il aura besoin de leur concours. Ils ont
cependant une obligation qu'ils ne doivent pas né-

gliger, c'est celle d'avertir les mairies, sur les registres desquelles ils sont inscrits comme faisant partie de l'armée territoriale, s'il leur arrive de changer de domicile : C'est un moyen d'éviter à l'administration des recherches fastidieuses.

LOI DU 24 JUILLET 1873.

Nous plaçons en tête la division de la loi qui comprend spécialement l'armée territoriale :

TITRE IV.

ARMÉE TERRITORIALE.

ART. 29.

L'armée territoriale a en tout temps ses cadres entièrement constitués.

Sa composition sera déterminée par la loi spéciale mentionnée en l'article 6 de la présente loi.

L'effectif permanent et soldé de l'armée territoriale ne comprend que le personnel nécessaire à l'administration, à la tenue des contrôles, à la comptabilité et à la préparation des mesures qui ont pour objet l'appel à l'activité des hommes de ladite armée.

Art. 30.

L'armée territoriale est formée, conformément à l'article 36 de la loi du 27 juillet 1872(1), des hommes domiciliés dans la région.

Les militaires de tous grades qui la composent restent dans leurs foyers et ne sont réunis ou appelés à l'activité que sur l'ordre de l'autorité militaire.

La réserve de l'armée territoriale n'est appelée à l'activité qu'en cas d'insuffisance des ressources fournies par l'armée territoriale. Dans ce cas, l'appel se fait par classe et en commençant par la moins ancienne.

Art. 31.

Les cadres des troupes et des divers services de l'armée territoriale sont recrutés :

1° Pour les officiers et fonctionnaires, parmi les officiers et fonctionnaires ou en retraite des armées de terre et de mer, parmi les engagés conditionnels d'un an qui ont obtenu des brevets d'officiers auxiliaires ou des commissions, conformément aux articles 36 et 38 de la présente loi.

Toutefois, les anciens sous-officiers de la réserve, et les engagés conditionnels d'un an munis du brevet de sous-officier, peuvent, après examen déterminé par le ministre de la guerre, être promus au grade de sous-lieutenant dans l'armée territoriale,

---

(1) *Nota.* Voir à la suite des articles de la présente loi (page 18) les renseignements correspondant aux numéros d'ordre.

au moment où ils passent dans ladite armée conformément à la loi du 27 juillet 1872.

2° Pour les sous-officiers et employés, parmi les anciens sous-officiers et employés de la réserve et les engagés conditionnels d'un an munis du brevet de sous-officier, et parmi les anciens caporaux et brigadiers présentant les conditions d'aptitude nécessaires.

Les nominations des officiers et des fonctionnaires sont faites par le Président de la République, sur la proposition du ministre de la guerre.

Les nominations des sous-officiers et des employés sont faites par le général commandant le corps d'armée de la région.

L'avancement dans l'armée territoriale sera réglé par une loi spéciale.

Un règlement d'administration publique déterminera les relations hiérarchiques entre l'armée active et l'armée territoriale.

ART. 32.

La formation des divers corps de l'armée territoriale a lieu :

Par subdivision de région pour l'infanterie ;

Sur l'ensemble de la région pour les autres armes.

A cet effet, chaque commandant de bureau de recrutement fait connaître au général commandant la région l'état par arme des hommes qui, finissant d'accomplir leur service dans la réserve, sont domiciliés dans sa subdivision.

Après que la répartition est faite entre les diverses armes par le général commandant, chaque homme passant dans l'armée territoriale est averti, par le commandant du service de recrutement de la subdivision, du corps dont il doit faire partie. Mention en est faite dans une colonne spéciale sur le certificat qui doit lui être délivré, conformément à l'article 38 de la loi du 27 juillet 1872 (2).

Les dispositions des articles 34 et 35 de la loi du 27 juillet 1872 (3) sont applicables aux militaires inscrits sur les contrôles de l'armée territoriale.

Art. 33.

Chaque commandant de bureau de recrutement tient le général commandant la région au courant de la situation de l'armée territoriale, suivant le mode qui sera déterminé par un règlement ministériel.

Le général commandant propose au ministre de la guerre les nominations et mutations qui lui paraissent devoir être faites pour tenir au complet les cadres de ladite armée.

Art. 34.

En cas de mobilisation, les corps de troupe de l'armée territoriale peuvent être affectés à la garnison des places fortes, aux postes et lignes d'étapes, à la défense des côtes, des points stratégiques ; ils peuvent être aussi formés en brigades, divisions et corps d'armée destinés à tenir campagne.

Enfin, ils peuvent être détachés pour faire partie de l'armée active.

ART. 35.

L'armée territoriale, lorsqu'elle est mobilisée, est soumise aux lois et règlements qui régissent l'armée active, et lui est assimilée pour la solde et les prestations de toute nature.

Tant que les troupes de l'armée territoriale sont dans la région de leur formation, sans être détachées pour faire partie de l'armée active, elles restent placées sous le commandement déterminé par les articles 14 et 16 de la présente loi.

Lorsqu'elles sont constituées en divisions et en corps d'armée, elles sont pourvues d'états-majors, de services administratifs, sanitaires et auxiliaires spéciaux.

Voici d'autres dispositions particulières, empruntées à la même loi, qui bien qu'appartenant à d'autres divisions, concernent l'armée territoriale :

ART. 5.

Dans chaque subdivision de région, il y a un ou plusieurs bureaux de recrutement. Dans chaque bureau est tenu le registre matricule prescrit par l'article 33 de la loi du 27 juillet 1872 (4), pour les hommes appartenant à l'armée active et à la réserve de ladite armée.

Ce bureau est chargé d'opérer l'immatriculation, dans les divers corps de la région, des hommes de la disponibilité et de la réserve, conformément aux paragraphes 3, 4, 5 et 6 de l'article 11.

Il est, en outre, chargé de la tenue des contrôles de l'armée territoriale, pour les hommes domiciliés dans la subdivision, et de leur immatriculation dans les divers corps de l'armée territoriale de la région.

Par ses soins, il est fait chaque année un recensement général des chevaux, mulets et voitures susceptibles d'être utilisés pour les besoins de l'armée.

Ces chevaux, mulets et voitures sont répartis d'avance dans chaque corps d'armée et inscrits sur un registre spécial.

ART. 8.

Les hommes appartenant à des services régulièrement organisés en temps de paix peuvent en temps de guerre être formés en corps spéciaux destinés à servir, soit avec l'armée active, soit avec l'armée territoriale.

La formation de ces corps spéciaux est autorisée par décret.

Ces corps sont soumis à toutes les obligations du service militaire, jouissent de tous les droits des belligérants, et sont assujettis aux règles du droit des gens.

ART. 16.

Le général commandant un corps d'armée a sous ses ordres un service d'état-major placé sous la direction de son chef d'état-major général et divisé en deux sections :

1° Section active marchant avec les troupes en cas de mobilisation ;

2° Section territoriale attachée à la région d'une manière permanente, chargée d'assurer en tous temps le fonctionnement du recrutement, des hôpitaux, de la remonte, et, en général, de tous les services territoriaux.

Les états-majors de l'artillerie, du génie et les divers services administratifs et sanitaires du corps d'armée, sont également divisés en partie active et en partie territoriale.

Un règlement du ministre de la guerre détermine la composition et la répartition des états-majors et des divers services pour chaque corps d'armée.

Un officier supérieur faisant partie de la section territoriale et désigné par le ministre de la guerre, est chargé de centraliser le service du recrutement.

ART. 18.

Un officier supérieur est placé à la tête du service du recrutement de chaque subdivision.

Tous les militaires de l'armée active, de la réserve et de l'armée territoriale, qui se trouvent à un titre quelconque dans leurs foyers et sont domiciliés dans la subdivision, relèvent de cet officier supérieur.

Il tient le général commandant le corps d'armée et les chefs des corps de troupe et des différents services au courant de toutes les modifications qui se produisent dans la situation des officiers, sous-officiers et hommes de la disponibilité et de la réserve, et qui sont immatriculés dans les divers corps de la région.

Art. 21.

En cas de mobilisation, et pour la mise sur le pied de guerre des forces militaires de la région, le ministre de la guerre transmet au général commandant le corps d'armée l'ordre de mobilisation de tout ou partie des hommes des diverses classes de la disponibilité et de la réserve, enfin de la mise en activité de diverses classes de l'armée territoriale.

Art. 40.

Les officiers auxiliaires, les officiers de l'armée territoriale, sont, pendant la durée de leur présence sous les drapeaux, considérés comme étant en activité ; mais ils ne peuvent se prévaloir des grades qu'ils ont occupés ou obtenus pendant ce temps, pour être maintenus dans l'armée active.

Toutefois, ceux qui jouissaient d'une pension de retraite peuvent faire réviser leur pension.

Sous le rapport de la médaille militaire, de la croix de la Légion d'honneur, obtenues par eux pendant qu'ils sont sous les drapeaux, de même que sous le rapport des pensions pour infirmités et blessures, ils jouissent de tous les droits attribués aux militaires de même grade dans l'armée active.

Art. 41.

Les officiers de la garde nationale mobile qui sont assujettis par leur âge à servir dans la réserve de l'armée active en exécution de l'article 76 de la loi du 27 juillet 1872 (5), pourront, transitoirement et à la condition de satisfaire à un examen qui sera déterminé par un règlement du ministre de la guerre, recevoir un brevet de sous-lieutenant au titre auxiliaire dans la réserve de l'armée active. Ils passeront dans l'armée territoriale en même temps que les hommes de la classe à laquelle ils appartiennent.

Les officiers, sous-officiers et soldats de la garde nationale mobile et des corps mobilisés qui, en raison de leur âge, ne sont pas classés dans la réserve de l'armée active, pourront, transitoirement et à la condition de satisfaire à un examen qui sera déterminé par un règlement du ministre de la guerre, être admis dans les cadres de l'armée territoriale.

NOTES.

(Renvois aux articles de la loi du 27 juillet 1872.)

———

(1) Loi du 27 juillet 1872 :

« Art. 36. Tout Français qui n'est pas déclaré impropre à tout service militaire fait partie :

« De l'armée active pendant cinq ans ;

« De la réserve de l'armée active pendant quatre ans;

« De l'armée territoriale pendant cinq ans ;

« De la réserve de l'armée territoriale pendant six ans.

« 1º L'armée active est composée, indépendamment des hommes qui ne se recrutent pas par les appels, de tous les jeunes gens déclarés propres à un des services de l'armée et compris dans les cinq dernières classes appelées.

« 2º La réserve de l'armée active se compose de tous les hommes également déclarés propres à un des services de l'armée et compris dans les quatre classes appelées immédiatement avant celles qui forment l'armée active.

« 3º L'armée territoriale est composée de tous les hommes qui ont accompli le temps de service prescrit pour l'armée active et la réserve.

« 4º La réserve de l'armée territoriale est composée des hommes qui ont accompli le temps de service pour cette armée.

« L'armée territoriale et la deuxième réserve sont formées par régions déterminées par un règlement d'administration publique ; elles comprennent pour chaque région les hommes ci-dessus désignés aux paragraphes 3ᵉ et 4ᵉ, et qui sont domiciliés dans la région. »

(2) Loi du 27 juillet 1872 :

« Art. 38. La durée du service compte du 1ᵉʳ juillet de l'année du tirage au sort.

« Chaque année, au 30 juin, en temps de paix, les militaires qui ont achevé le temps de service prescrit dans l'armée active, ceux qui ont accompli le temps de service prescrit dans la réserve de l'armée active, ceux qui ont terminé le temps de service prescrit pour l'armée territoriale, enfin ceux qui ont terminé le temps de service pour la réserve de cette armée, reçoivent un certificat constatant :

« Pour les premiers, leur envoi dans la première réserve ;

« Pour les seconds, leur envoi dans l'armée territoriale ;

« Pour les troisièmes, leur envoi dans la deuxième réserve ;

« Et, à l'expiration du temps de service dans cette réserve, les hommes reçoivent un congé définitif.

« En temps de guerre, ils reçoivent ces certificats immédiatement après l'arrivée au corps des hommes de la classe destinée à remplacer celle à laquelle ils appartiennent.

« Cette dernière disposition est applicable, en tout temps, aux hommes appartenant aux équipages de la flotte en cours de campagne.

(3) Loi du 27 juillet 1872 :

« Art. 34. Tout homme inscrit sur le registre matricule, qui change de domicile, est tenu d'en faire la déclaration à la mairie de la commune qu'il quitte et à la mairie du lieu où il vient s'établir.

« Le maire de chacune des communes transmet, dans les huit jours, copie de ladite déclaration, au bureau du registre matricule et la circonscription dans laquelle se trouve la commune.

« Art. 35. Tout homme inscrit sur le registre matricule, qui entend se fixer en pays étranger, est tenu, dans sa déclaration à la mairie de la commune où il réside, de faire connaître le lieu où il va établir son domicile, et, dès qu'il y est arrivé, d'en prévenir l'agent consulaire de France. Le maire de la commune transmet, dans les huit jours, copie de ladite déclaration, au bureau du registre matricule de la circonscription dans laquelle se trouve sa commune.

« L'agent consulaire, dans les huit jours de la déclaration, en envoie copie au ministre de la guerre. »

(4) Loi du 27 juillet 1872 :

« Art. 33. Il est tenu par département, ou par circonscriptions déterminées dans chaque département, en vertu d'un règlement d'administration publique, un registre matricule, dressé au moyen des listes du recrutement cantonal, et sur lequel sont portés tous les jeunes gens qui n'ont pas été déclarés impropres à tout service militaire ou qui n'ont pas été ajournés à un nouvel examen du conseil de révision.

« Ce registre mentionne l'incorporation de chaque homme inscrit, ou la position dans laquelle il est laissé, et successivement tous les changements qui peuvent survenir dans sa situation, jusqu'à ce qu'il passe dans l'armée territoriale. »

(5) Loi du 27 juillet 1872 :

« Art. 76. Les jeunes gens des classes de 1867, 1868, 1869 et 1870, appelés en vertu de la loi du 1er février 1868, qui ont été compris dans le contingent de l'armée, seront, à l'expiration de leur service dans la réserve, placés dans l'armée territoriale, conformément aux dispositions de l'article 36 de la présente loi. Les jeunes gens de ces mêmes classes qui n'ont pas été compris dans le contingent de l'armée, et qui font actuellement partie de la garde nationale mobile, seront, à partir du 1er janvier 1873, placés dans la réserve de l'armée, où ils compteront jusqu'à la libération du service dans la réserve des jeunes gens de la même classe qui ont été compris dans le contingent de l'armée. Ils seront ensuite placés dans l'armée territoriale, conformément aux dispositions de l'article 36 de la présente loi. »

Voir ci-dessus (note 1) le texte de l'article 36 de la loi du 27 juillet 1872.

ARMÉE TERRITORIALE.

___

Uniformes de l'armée territoriale.

D'après une décision du ministre de la guerre, l'uniforme adopté pour l'armée territoriale sera semblable, pour chaque corps, à celui du corps correspondant de l'armée active. La seule distinction consistera :

Pour les hommes de troupe, dans la couleur du numéro appliqué sur le collet des vêtements. Ce numéro, qui est conservé tel qu'il a été adopté pour tous les régiments de l'armée active, sera uniformément *blanc* dans les corps et régiments composant l'armée territoriale.

Pour les officiers, dans une boutonnière en galon d'or ou d'argent, selon la couleur du bouton. La boutonnière, ornée d'un petit bouton d'uniforme cousu au milieu, sera appliquée horizontalement de chaque côté du collet.

En conformité de cette décision, nous indiquons ci-après, pour chaque arme, la couleur du collet des numéros :

INFANTERIE DE LIGNE.

Armée active. — Collet jonquille, avec numéro jonquille découpé sur drap bleu foncé.

Armée territoriale. — Même collet avec numéro blanc. — Officier, boutonnière du collet en galon doré.

CHASSEURS A PIED.

Armée active. — Collet bleu avec numéro bleu découpé sur drap jonquille.

Armée territoriale. — Même collet avec numéro blanc. — Officiers, boutonnière du collet en galon argenté.

DRAGONS.

Armée active. — Collet blanc, avec numéro découpé en drap garance.

Armée territoriale. — Même collet, avec numéro blanc découpé sur drap bleu. — Officiers, boutonnière du collet en galon doré.

CHASSEURS A CHEVAL.

Armée active. — Collet garance, avec numéro découpé en drap bleu ciel.

Armée territoriale. — Même collet, avec numéro

blanc. — Officiers, boutonnière du collet en galon argenté.

HUSSARDS.

Armée active. — Collet bleu de ciel, avec numéro en drap garance.

Armée territoriale. — Même collet avec numéro blanc. — Officiers, boutonnière du collet en galon argenté.

ARTILLERIE.

Armée active. — Collet en drap écarlate, avec numéro en drap bleu foncé.

Armée territoriale. — Même collet avec numéro blanc. — Officiers, boutonnière en galon doré.

GÉNIE.

Armée active. — Collet en drap foncé, avec numéro en drap écarlate.

Armée territoriale. — Même collet, avec numéro blanc. — Officiers, boutonnière du collet en galon doré.

TRAIN DES ÉQUIPAGES MILITAIRES.

Armée active. — Collet en drap garance, avec numéro en drap gris.

Armée territoriale. — Même collet, avec numéro

blanc. — Officiers, boutonnière du collet en galon argenté.

La discipline.

La disponibilité et la réserve de l'armée active, l'armée territoriale et la réserve de l'armée territoriale, comprenant près de 2 millions d'hommes âgés de vingt à quarante ans environ, c'est-à-dire la plus grande partie de la population réellement virile qui existe en France, on conçoit sans peine l'intérêt qui s'attache aux diverses mesures qui la concernent, puisque ces mesures réagissent inévitablement sur la société tout entière.

Au nombre des dispositions législatives qui, à ce point de vue, exerceront la plus grande influence sur notre état social, il faut assurément ranger le projet de loi dont le Président de la République et le ministre de la guerre ont cru devoir saisir la commission de l'armée, et qui rend justiciables des conseils de guerre et passibles des peines édictées par le code de justice militaire tous les hommes dont il s'agit, sans exception, qu'ils soient officiers ou sous-officiers, soldats ou simplement à la disposition de l'autorité militaire, non-seulement lorsqu'ils seront appelés pour les manœuvres périodiques, les exercices ou les revues auxquels ils sont assujettis, à dater du jour de leur convocation jusqu'à celui de leur retour dans leurs foyers, mais encore pour s'être livrés, en dehors de ces réunions et se rendant ou *étant rendus dans leurs foyers*, à des outrages par paroles, gestes ou menaces, soit envers des chefs militaires appartenant à l'armée ou au recrutement, soit envers la gendarmerie, pour ce qui concerne le service militaire.

Le gouvernement a voulu, en effet, pouvoir réprimer énergiquement les fautes contre le devoir militaire que les hommes dont il s'agit seraient tentés de commettre alors même qu'ils ne seraient plus sous les armes, et notamment les actes d'insubordination dont ils se rendraient coupables, au lendemain de leur période de service ou des manœuvres, et, en rentrant dans leurs foyers, à l'égard de leurs chefs de la veille, destinés à le devenir encore à une prochaine prise d'armes.

Le cas où des réservistes et des hommes de l'armée territoriale se montreraient en uniforme et sans armes dans des rassemblements tumultueux a été également prévu. Il leur serait également fait application de l'article 225 du code de justice militaire.

Mais, dans l'état actuel de nos mœurs et de nos habitudes, les changements les plus graves consistent évidemment dans les obligations nouvelles imposées aux hommes de vingt-cinq à quarante ans qui voudront changer soit de résidence soit de domicile.

Tout homme à la disposition de l'autorité militaire ou faisant partie, *à un titre quelconque*, de la disponibilité de la réserve de l'armée active, de l'armée territoriale ou de la réserve de ladite armée, qui changera soit de domicile, soit même de résidence, devra, en effet, désormais, soumettre le titre constatant sa position sous le rapport du recrutement, au visa du commandant de la brigade de gendarmerie de la localité qu'il quitte, et, s'il ne sort pas trop du territoire français, au visa du commandant de la brigade de gendarmerie de la localité où il ira s'établir.

Bien que ce visa ne devienne obligatoire qu'autant que l'homme à la disposition de l'autorité militaire ou faisant partie de la disponibilité ou de la réserve de l'armée active s'absentera pour plus *d'un mois*, et l'homme de l'armée territoriale ou de la réserve de cette armée pour plus de *deux mois*, il y aura certainement une gêne, que ressentira vivement, surtout à l'époque des vacances et des voyages, notre population.

Les infractions aux prescriptions que nous venons de faire connaître seront cependant sévèrement réprimées.

Des peines plus ou moins graves viendront également frapper ceux qui seront reconnus coupables d'avoir excité ou favorisé le passage ou l'établissement à l'étranger, sans esprit de retour, d'un homme susceptible de faire partie de l'une quelconque des diverses catégories de l'armée, soit avant le tirage au sort, soit après l'immatriculation sur les registres ou sur les contrôles.

Enfin, tout homme ayant déjà passé sous les drapeaux et appartenant, à quelque titre que ce soit, à la réserve de l'armée, qui, en cas de convocation, ne se rendra pas à sa destination dans les délais fixés, alors même qu'il n'aurait servi que dans l'armée auxiliaire (garde nationale mobile et corps francs légalement reconnus), sera considéré comme déserteur et puni comme tel.

Les déserteurs.

Nous croyons devoir signaler sans plus de commentaires à l'attention de nos lecteurs, l'article 230 de la loi que la Chambre sera appelée à sanctionner et qui a pour objet de modifier le code de justice militaire :

« Art. 230. — Sont considérés comme insoumis, et punis d'un emprisonnement d'un mois à un an, les engagés volontaires et les hommes appelés par la loi, qui, n'ayant pas déjà servi, ne sont pas rendus à leur destination, hors le cas de force majeure, dans le mois qui suit le jour fixé par leur ordre de route.

« Sont également considérés comme insoumis et punis de la même peine, les hommes de la disponibilité et de la réserve de l'armée active, de l'armée territoriale et de la réserve de cette armée, à quelque catégorie qu'ils appartiennent, qui, ayant déjà servi et étant appelés à l'activité par ordre individuel, ne sont pas rendus à leur destination, hors le cas de force majeure, dans les quinze jours qui suivent celui fixé par leur ordre de route.

« En temps de guerre ou en cas de mobilisation par voie d'affiches et de publications sur la voie publique, les délais ci-dessus sont réduits à deux jours pour les hommes dont il est parlé aux 1er et 2e paragraphes du présent article.

« En temps de guerre, la peine est de deux à cinq ans d'emprisonnement, sans préjudice des dispositions spéciales édictées par l'article 61 de la loi du 27 juillet 1872. »

Pourquoi cette rigueur ? c'est ce que le rapporteur de la nouvelle loi, le général Robert, a pris le soin de nous expliquer en termes d'une remarquable précision :

« Il y avait aussi à se préoccuper de la répression des délits d'insoumission et de désertion. Le code actuel nous a paru laisser subsister des délais trop considérables en faveur des déserteurs et même en faveur des hommes dans leurs foyers qui se rendent coupables d'insoumission en cherchant à se soustraire à l'appel sous les drapeaux, et en n'obéissant pas aux ordres de route qui leur sont notifiés, soit lorsqu'ils sont jeunes soldats, soit lorsqu'ils sont placés dans la réserve ou dans l'armée territoriale.

« Ces délais, habituellement appelés délais de grâce et de repentir, ont paru beaucoup trop indulgents à la commission, et nous avons pensé que, par une conséquence toute naturelle des nouvelles lois sur l'armée, nous devions les abréger notablement, afin d'exercer une intimidation plus sérieuse sur les hommes qui seraient encore tentés d'oublier leurs devoirs. »

Exemptions.

Un certain nombre d'hommes exemptés du service militaire, lors du tirage au sort, pour infirmités ou défaut de taille, ou dispensés comme instituteurs ou élèves ecclésiastiques, ont été illégalement compris dans le contingent de l'armée territoriale. Une circulaire ministérielle enjoint de rayer ces hommes des listes de l'armée territoriale, s'ils justifient de leur exemption ou de leur dispense par un certificat délivré par le préfet du département où ils ont concouru au tirage au sort.

L'instituteur public ayant moins de quarante ans doit-il être inscrit sur l'état de recensement de l'armée territoriale ?

Non, il est dispensé moyennant un nouvel engagement décennal, si le premier est accompli. Du reste c'est à l'administration départementale à régler cette affaire avec l'autorité militaire et à prendre à cet égard une décision générale.

L'instituteur public qui, après dix années de service et moins de quarante ans d'âge, quitte l'enseignement, fait-il partie de l'armée territoriale ?

Il retombe dans le droit commun.

Quel degré de myopie faut-il atteindre pour être exempt du service ?

L'instruction du conseil de santé des armées du 2 avril 1873, donne à cet égard les renseignements suivants :

« La myopie notable est constatée égale à un quart. La myopie devra pouvoir lire à une distance très-rapprochée du nez sans verres, ou à 35 centimètres avec des verres, biconcaves n° 6 ou 7, et distinguer nettement les objets éloignés, ou lire à une distance minimum de 5 mètres de gros caractères d'imprimerie (le numéro 20 de l'échelle typographique) avec des verres biconcaves n° 4. Tels sont les caractères de la myopie qui rend un jeune homme impropre au service actif; mais le plus souvent le myope est reconnu apte à servir dans les services auxiliaires de l'armée. Les conseils de révision doivent prononcer en ce sens lorsque la myopie n'atteint pas le degré qui motive l'exemption, mais est assez prononcée pour nécessiter le port des lunettes dans le service. »

PRINCIPES ÉLÉMENTAIRES

DE

L'INSTRUCTION DU SOLDAT.

En donnant ici les principes les plus élémentaires de l'école du soldat, nous n'avons pas eu l'intention de faire une théorie complète des connaissances que l'on doit avoir. Nous n'avons eu pour but que d'indiquer pour chaque arme, *infanterie, cavalerie* et *artillerie*, les règles essentielles qu'il est important de connaître avant d'arriver au corps, pour faciliter l'instruction.

Il sera donc bon, d'apprendre ces premières notions chez soi; ce sera autant de fait et familiarisera plus vite les hommes avec le métier des armes.

INFANTERIE.

L'école du soldat, qui a pour objet l'instruction individuelle, dont dépend l'instruction des compagnies, des bataillons et du régiment, doit être enseignée avec le plus grand soin. L'instructeur donne l'explication de chaque mouvement en peu de paroles, claires et précises, et l'exécute toujours lui-même afin de joindre l'exemple au principe. Il accoutume les soldats à prendre d'eux-mêmes la position démontrée, ne les touche, pour la rectifier, que lorsque leur défaut d'intelligence l'y oblige; il soutient leur attention par un ton animé, ne les arrête point trop longtemps sur les mêmes mouvements, et n'exige que progressivement qu'ils soient faits avec précision et ensemble.

Il y a deux sortes de commandements : les commandements d'*avertissement* et ceux d'*exécution*.

Les commandements d'avertissement (indiqués dans le texte par des lettres italiques) sont prononcés distinctement et dans le haut de la voix, en allongeant un peu la dernière syllabe.

Les commandements d'exécution (distingués dans le texte par des majuscules) sont prononcés d'un ton ferme et bref.

Les commandements dont l'indication est séparée dans le texte par des tirets, sont coupés de même dans l'énonciation.

L'école du soldat est divisée en deux parties : la première partie comprend ce qu'on doit enseigner au soldat indépendamment de l'arme, et la seconde ce qu'on doit lui apprendre pour faire usage de son arme.

Ces deux parties sont enseignées simultanément sur le terrain, suivant une progression réglée par le chef de corps.

Nous ne nous occuperons que de la première de ces parties. Elle est divisée en six articles ainsi qu'il suit :

Les trois premiers articles sont enseignés, autant que possible, homme par homme, ou au plus à quatre hommes à la fois. On les fait placer alors sur un rang, à un pas d'intervalle.

L'enseignement des trois derniers articles a lieu en réunissant huit hommes au moins, ou au plus douze, qu'on fait placer sur un rang, coude à coude, et numéroter de la droite à la gauche.

Le soldat exécute les mouvements des articles ii, iii, iv, v et vi, d'abord sans arme, et ensuite avec l'arme.

ARTICLE I.

POSITION DU SOLDAT SANS ARME.

Les talons sur la même ligne et rapprochés autant que la conformation de l'homme le permet, les pieds un peu moins ouverts que l'équerre et également tournés en dehors, les genoux tendus sans les raidir, le corps d'aplomb sur les hanches et penché en avant, les épaules effacées et également tombantes, les bras pendant naturellement, les coudes près du corps, la paume de la main un peu tournée en dehors, le petit doigt en arrière de la couture du pantalon, la tête droite sans être gênée, les yeux fixés droit devant soi.

ARTICLE II.

A DROITE, A GAUCHE.

L'instructeur commande :

    1. *Peloton par le flanc droit* (ou *gauche*).
    2. A DROITE (OU A GAUCHE).

Au second commandement, tourner sur le talon gauche d'un quart de cercle à droite (ou à gauche), en élevant un peu la pointe du pied gauche; rapporter en même temps le talon droit à côté du gauche et sur la même ligne.

DEMI-TOUR A DROITE.

Le demi-tour à droite s'exécute en deux temps. L'instructeur commande :

    1. *Peloton.*
    2. DEMI-TOUR — A DROITE.

Premier temps.

Au commandement de *demi-tour*, faire un demi à droite sur le talon gauche, placer le pied droit en équerre, le milieu du pied vis-à-vis et à environ dix centimètres du talon gauche.

Second temps.

Au commandement de *à droite*, tourner sur les deux talons, en élevant un peu la pointe des pieds, les jarrets tendus, faire face en arrière, et rapporter ensuite vivement le talon droit à côté du gauche.

Lorsque l'instructeur veut faire passer le soldat de l'état d'attention à celui de repos, il commande :

Repos.

A ce commandement, le soldat n'est plus tenu à garder l'immobilité ni la position.

L'instructeur, voulant lui faire reprendre la position et l'immobilité, commande :

1. *Garde à vous.*
2. **Peloton.**

Au premier commandement, le soldat fixe son attention. Cette règle est générale.

Au second, il reprend la position prescrite.

ARTICLE III.

PRINCIPES DES DIFFÉRENTS PAS.

PAS ACCÉLÉRÉ.

La longueur du pas accéléré est de soixante-cinq centimètres à compter d'un talon à l'autre, et sa vitesse de cent dix par minute.

L'instructeur, se plaçant à dix ou douze pas du soldat et lui faisant face, explique les principes du pas; il l'exécute lui-même, afin de joindre l'exemple au principe, et il commande:

    1. *Peloton en avant.*
    2. MARCHE.

Au premier commandement, le soldat porte le pöids du corps sur la jambe droite.

Au commandement de *marche*, il porte le pied gauche en avant à soixante-cinq centimètres du droit, la pointe du pied légèrement tournée en dehors ainsi que le genou; il pose, sans frapper, le pied gauche à plat, tout le poids du corps se portant sur le pied qui pose à terre. Le soldat porte ensuite la jambe droite en avant, le pied passant près de terre, le pose à la même distance et de la même manière qu'il vient d'être expliqué pour le pied gauche, et continue de marcher ainsi sans que les jambes se croisent, sans que les épaules tournent, en laissant aux bras un mouvement d'oscillation naturelle, et la tête restant toujours dans la position directe.

Lorsque l'instructeur veut arrêter la marche, il commande :

1. *Peloton.*
2. HALTE.

Au commandement de *halte*, qui est fait indistinctement sur l'un ou l'autre pied, mais un moment avant qu'il soit prêt à poser à terre, le soldat rapporte le pied qui est en arrière à côté de l'autre sans frapper.

PAS EN ARRIÈRE.

Le soldat étant de pied ferme, l'instructeur lui fait quelquefois marcher le pas en arrière; à cet effet, il commande :

1. *Peloton en arrière.*
2. MARCHE.

Au commandement de *marche,* le soldat retire vivement le pied gauche en arrière, et le porte à la distance de trente-trois centimètres, à compter d'un talon à l'autre, fait de même du pied droit, et continue jusqu'au commandement de *halte,* qui est toujours précédé de celui de *peloton.* Le soldat s'arrête à ce commandement, en rapportant le pied qui est en avant à côté de l'autre sans frapper.

PAS GYMNASTIQUE.

La longueur du pas gymnastique est de quatre-vingts centimètres, et sa vitesse habituelle de cent soixante-dix par minute.

L'instructeur voulant enseigner au soldat les principes du pas gymnastique, commande :

1. *Peloton en avant.*
2. *Pas gymnastique.*
3. MARCHE.

Au premier commandement, le soldat porte le poids du corps sur la jambe droite.

Au deuxième commandement, il porte les mains à hauteur des hanches, les doigts fermés, les ongles en dedans, les coudes en arrière.

Au commandement de *marche*, il porte le pied gauche en avant, la jambe légèrement ployée, le genou peu élevé; pose le pied gauche, la pointe la première, à quatre-vingts centimètres du droit, et il exécute avec le pied droit ce qui vient d'être prescrit pour le pied gauche. Ce mouvement se continue ainsi en portant le poids du corps sur la jambe qui pose à terre, et en laissant aux bras un mouvement d'oscillation naturelle.

Lorsque l'instructeur veut arrêter la marche, il commande :

1. *Peloton.*
2. HALTE.

Au commandement de *halte*, le soldat rapporte le pied qui est en arrière à côté de l'autre, et laisse tomber les mains dans le rang, à la position du soldat sans arme.

MARQUER LE PAS.

Le soldat étant en marche, l'instructeur commande:

1. *Marquez le pas.*
2. MARCHE

Au commandement de *marche*, qui est fait un moment avant que le pied ne soit prêt à poser à terre, le soldat simule le pas, en rapportant les talons à côté l'un de l'autre, sans avancer, et en observant la cadence du pas.

Lorsque l'instructeur veut faire reprendre la marche, il commande:

1. *En avant.*
2. MARCHE.

Au commandement de *marche*, qui est fait comme il est prescrit ci-dessus, le soldat reprend le pas de soixante-cinq centimètres.

CHANGER LE PAS.

Le soldat étant en marche, l'instructeur commande:

1. *Changez le pas.*
2. MARCHE.

Au commandement de *marche*, qui est fait un moment avant que le pied soit prêt à poser à terre, le soldat rapporte le pied qui est en arrière à côté de celui qui vient de poser à terre, et repart de ce dernier pied.

ARTICLE IV.

MOUVEMENT DE TÊTE A DROITE ET A GAUCHE.

L'instructeur voulant apprendre aux soldats à tourner la tête à droite pour s'aligner, commande:

1. *Tête* = A DROITE.
2. FIXE.

Au commandement de *à droite*, les soldats tournent légèrement la tête à droite, sans brusquer le-mouvement, et sans entraîner l'épaule, les yeux fixés sur la ligne des yeux des soldats du même rang.

Au commandement de *fixe*, ils replacent la tête dans la position directe, qui doit être la position habituelle du soldat.

Le mouvement de *tête à gauche* s'exécute par les moyens inverses.

ALIGNEMENTS.

L'instructeur exerce d'abord les soldats à s'aligner homme par homme, afin de leur faire mieux comprendre les principes d'alignement; à cet effet, il commande aux deux premiers hommes de l'aile droite de marcher trois pas en avant, et, les ayant alignés, il avertit successivement chaque soldat, par le commandement de *tel numéro sur la ligne*, de se porter sur l'alignement des deux premiers.

Chaque soldat, à cet avertissement, tourne la tête et les yeux à droite, marche dans la cadence du pas accéléré, trois pas en avant, en raccourcissant le dernier de manière à se trouver à environ quinze centimètres en arrière du nouvel alignement qu'il ne doit jamais dépasser; il se porte ensuite par petits pas, les jarrets tendus, tranquillement et sans saccade, à côté de l'homme auquel il doit appuyer, de manière que, sans déranger la position de sa tête, la ligne de ses yeux ainsi que celle de ses épaules se trouvent dans la direction de celles de son voisin, et qu'il sente très-légèrement le coude de ce dernier.

L'instructeur voyant les soldats alignés commande:

FIXE.

A ce commandement, les soldats replacent la tête dans la position directe.

L'alignement *à gauche* se prend d'après les mêmes principes.

Lorsque les soldats ont ainsi appris à s'aligner, homme par homme, correctement et sans tâtonner, l'instructeur fait aligner le rang entier à la fois, par le commandement suivant :

A droite (ou *à gauche*) = ALIGNEMENT.

A ce commandement, le rang, à l'exception des deux hommes placés d'avance pour servir de base d'alignement, se porte au pas accéléré sur la nouvelle ligne, et s'y place d'après les principes prescrits plus haut.

L'instructeur, voyant le plus grand nombre des soldats alignés, commande :

FIXE.

L'instructeur commande ensuite, aux hommes qui ne sont pas alignés, *rentrez* ou *sortez*, en les désignant par leurs numéros. L'homme ou les hommes désignés tournent légèrement la tête du côté de l'alignement, pour juger de combien ils doivent avancer ou reculer, se portent tranquillement sur la ligne, et replacent ensuite la tête dans la position directe

Les alignements en arrière se prennent d'après les mêmes principes. Les soldats se portent un peu en arrière de la ligne et s'y placent ensuite par de petits mouvements en avant.

L'instructeur commande :

En arrière à droite (ou *à gauche*) = ALIGNEMENT.

ARTICLE V.

MARCHE DE FRONT.

Le rang étant correctement aligné, lorsque l'instructeur veut le faire marcher en avant, il place un soldat bien dressé à la droite (ou à la gauche), selon le côté où il veut que soit le guide, et commande :

1. *Peloton en avant.*
2. *Guide à droite* (ou *à gauche*).
3. MARCHE.

Au commandement de *marche*, le rang part vivement du pied gauche, le guide a soin de marcher droit devant lui et de maintenir toujours ses épaules carrément.

MARCHE OBLIQUE.

Les soldats étant affermis dans les principes de la marche directe, l'instructeur les exerce à marcher obliquement. A cet effet, le rang étant en marche, il commande :

1. *Oblique à droite.*
2. MARCHE.

Au commandement de *marche*, qui est fait un moment avant que le pied gauche soit prêt à poser à terre, chaque soldat fait un demi-tour à droite, et marche ensuite droit devant lui dans la nouvelle direction, en donnant de temps en temps un coup d'œil sur la ligne des épaules de ses voisins de droite, et en réglant son pas de manière que ses épaules soient placées parallèment aux épaules de son voisin de ce côté, et que la tête de ce dernier lui cache celles des autres hommes du rang. Tous les soldats doivent conserver l'égalité du pas et le même degré d'obliquité.

L'instructeur voulant faire reprendre la marche directe commande :

1. *En avant.*
2. Marche.

Au commandement de *marche*, qui est fait un moment avant que le pied droit soit prêt à poser à terre, chaque soldat fait un demi à gauche, et tous marchent ensuite droit devant eux, en se conformant aux principes de la marche directe.

L'instructeur fait obliquer *à gauche* d'après les mêmes principes, en faisant le commandement de *marche* un moment avant que le pied droit soit prêt à poser à terre.

Le rang étant en marche au pas accéléré, l'instructeur commande :

1. *Pas gymnastique.*
2. Marche.

Au commandement de *marche*, qui est fait sur l'un ou l'autre pied, indistinctement, le rang prend le pas gymnastique. Les hommes s'attachent à observer les principes du pas gymnastique et à conserver l'alignement.

Lorsque l'instructeur veut faire reprendre le pas accéléré, il commande :

1. *Pas accéléré*.
2. MARCHE.

Au commandement de *marche*, qui est fait indistinctement sur l'un ou l'autre pied, le rang reprend le pas accéléré.

Le rang étant en marche au pas accéléré ou au pas gymnastique, l'instructeur voulant lui faire faire demi-tour pour marcher en arrière sans arrêter, commande :

1. *Peloton demi-tour à droite*.
2. MARCHE.

Au commandement de *marche*, qui est fait à l'instant où le pied gauche est en l'air, le soldat pose le pied à terre, fait face en arrière en tournant sur ce pied, place le pied droit à côté du gauche dans la nouvelle direction, et repart du pied gauche.

Le rang étant en marche, l'instructeur voulant lui faire faire demi-tour et l'arrêter en même temps, commande :

1. *Peloton demi-tour à droite*.
2. HALTE.

Au commandement de *halte*, qui est fait à l'instant où le pied gauche est près de poser à terre, les soldats font demi-tour en tournant sur ce pied et rapportent le pied droit sur l'alignement du gauche.

Le rang étant de pied ferme, l'instructeur lui fait marcher le pas en arrière ; à cet effet, il commande :

1. *Peloton en arrière.*
2. *Guide à gauche (ou à droite).*
3. MARCHE.

Au commandement de *marche*, les soldats se portent en arrière.

CONVERSIONS.

Les conversions s'exécutent à *pivot fixe* et à *pivot mouvant.*

Dans les conversions à pivot fixe, l'homme qui est au pivot fait à droite (ou à gauche), et dans les conversions à pivot mouvant, il fait le pas de vingt centimètres. Dans l'un et l'autre cas, l'homme qui est à l'aile marchante, doit toujours faire le pas de soixante-cinq centimètres.

CONVERSIONS A PIVOT FIXE.

Le rang étant de pied ferme, l'instructeur place un soldat bien dressé à l'aile marchante, pour la conduire, et commande :

1. *Par peloton à droite.*
2. MARCHE.

Au commandement de *marche*, l'homme qui est au pivot fait à droite, les autres soldats partent du pied gauche, et tournent en même temps un peu la tête du côté de l'aile marchante, les yeux fixés sur la ligne des yeux des hommes du rang. L'homme qui conduit l'aile marchante fait le pas de soixante-cinq centimètres, avance un peu l'épaule extérieure dès le premier pas, jette de temps en temps les yeux sur le rang et sent toujours le coude de l'homme qui est à côté de lui, mais très-légèrement et sans jamais le pousser.

Les autres soldats sentent très-légèrement le coude de leur voisin du côté du pivot, résistent à la pression qui vient du côté opposé, et se conforment au mouvement de l'aile marchante, en faisant le pas d'autant plus petit qu'ils sont plus près du pivot.

L'homme placé à côté du pivot gagne, en conversant, un peu de terrain en avant, mais sans jamais le masquer.

Lorsque l'homme qui est à l'aile marchante est près d'arriver sur la perpendiculaire à la ligne qu'occupait le rang, l'instructeur commande :

1. *Peloton.*
2. HALTE.

Au commandement de *halte*, qui est fait lorsque l'homme de l'aile marchante est arrivé à trois pas de la perpendiculaire, le rang s'arrête, et aucun homme ne bouge plus. L'instructeur place les deux premiers hommes de l'aile marchante sur l'alignement de l'homme du pivot, ayant soin de ne laisser entre eux et le pivot que l'espace nécessaire pour y encadrer tous les autres. Il commande ensuite :

A gauche = ALIGNEMENT.

A ce commandement, le rang se place sur l'alignement des deux hommes qui doivent servir de base.

L'instructeur commande ensuite :

FIXE.

Il fait converser *à gauche* d'après les mêmes principes.

CONVERSIONS A PIVOT MOUVANT.

Le rang étant en marche, lorsque l'instructeur veut lui faire changer de direction, du côté opposé au guide il commande :

1. *A droite* (ou *à gauche*) *conversion.*
2. MARCHE.

Le premier commandement est fait lorsque le rang est à quatre pas du point de conversion.

Au commandement de *marche*, la conversion s'exécute de la même manière qu'à pivot fixe, excepté que le tact des coudes reste du côté du guide, que l'homme qui est au pivot, au lieu de faire à droite (ou à gauche), se conforme au mouvement de l'aile marchante, sent très-légèrement le coude de son voisin, fait le pas de vingt centimètres, et gagne ainsi du terrain en avant, en décrivant une petite courbe de manière à dégager le point de conversion ; le milieu du rang cintre un peu en arrière. Aussitôt que le mouvement commence, l'homme qui conduit l'aile marchante jette les yeux sur le terrain qu'il doit parcourir.

La conversion étant achevée, l'instructeur commande :

1. *En avant.*
2. MARCHE.

Le premier commandement est prononcé lorsqu'il reste quatre pas à faire pour que la conversion soit achevée.

Au commandement de *marche,* qui est fait à l'instant où la conversion est achevée, l'homme qui conduit l'aile marchante se dirige droit en avant; l'homme qui est au pivot et tout le rang reprennent le pas de soixante-cinq centimètres, et replacent la tête directe.

CHANGEMENTS DE DIRECTION DU COTÉ DU GUIDE.

Les changements de direction du côté du guide s'exécutent ainsi qu'il suit; l'instructeur commande:

1. *Tournez à gauche* (ou *à droite*).
2. MARCHE.

Le premier commandement est prononcé lorsque le rang est à quatre pas du point où il doit changer de direction.

Au commandement de *marche* qui est fait à l'instant où le rang doit tourner, le guide fait à gauche (ou à droite) en marchant, et se prolonge dans la nouvelle direction, sans ralentir ni accélérer la cadence, sans allonger ni raccourcir la mesure du pas. Chaque soldat avance l'épaule opposée au guide, et accélère la cadence pour se porter dans la nouvelle direction; lorsqu'il arrive sur l'alignement du guide, il tourne la tête et les yeux de son côté, joint le coude de son voisin du même côté, prend le pas du guide, et replace ensuite la tête et les yeux dans la position directe. Les soldats arrivent ainsi successivement sur l'alignement du guide.

ARTICLE VI.

MARCHE PAR LE FLANC.

Le rang étant de pied ferme et correctement aligné, l'instructeur commande :

1. *Peloton par le flanc droit.*
2. A DROITE.
3. *Peloton en avant.*
4. MARCHE.

Au deuxième commandement, le rang fait à droite; les numéros pairs, en faisant à droite, se portent vivement à hauteur et à la droite des numéros impairs, de manière qu'après l'exécution du mouvement, les files se trouvent formées de deux hommes coude à coude.

Au commandement de *marche*, le peloton part vivement du pied gauche ; les files restent alignées et conservent leurs distances; les soldats marchent, dans chaque rang, les uns derrière les autres, de manière que la tête de l'homme qui précède immédiatement chaque soldat lui cache celles de tous ceux qui sont devant lui.

L'instructeur fait marcher par *le flanc gauche* par les commandements prescrits ci-dessus, en substituant l'indication de *gauche* à celle de *droite*. Le rang fait à gauche, et les numéros impaires faisant à gauche, se portent vivement à hauteur et à la gauche des numéros pairs.

Le doublement se fait toujours en dedans de l'alignement, et les files doublées se composent toujours des deux mêmes hommes, dont l'un a un numéro impair, et l'autre, le numéro pair immédiatement au-dessus. Ainsi, les numéros *un* et *deux*, *trois* et *quatre* *cinq* et *six* doublent toujours entre eux. Lorsque le rang fait par le flanc, c'est celui des deux hommes qui se trouve en arrière qui double sur celui qui est en avant.

ARRÊTER LE RANG ET LUI FAIRE FAIRE FRONT.

Lorsque l'instructeur veut arrêter le rang marchant par le flanc et lui faire faire front, il commande:

1. *Peloton.*
2. HALTE.
3. FRONT.

Au deuxième commandement, le peloton s'arrête, et aucun soldat ne bouge plus, quand même il a perdu sa distance.

Au troisième commandement, chaque soldat fait front, par un *à gauche*, si l'on a marché par le flanc droit, et par un *à droite*, si l'on a marché par le flanc gauche. Les soldats qui se trouvent derrière dédoublent en même temps pour se porter vivement à leurs places dans le rang.

CHANGEMENTS DE DIRECTION PAR FILE.

Lorsque les soldats ont acquis l'habitude de la marche par le flanc, l'instructeur les exerce à changer de direction par file; à cet effet, il commande :

1. *Par file à gauche* (ou *à droite*).
2. MARCHE.

Au commandement de *marche*, la file de tête change de direction à gauche (ou à droite), en décrivant un petit arc de cercle. Les deux hommes de cette file restent coude à coude; celui qui se trouve du côté où l'on converse raccourcit les trois ou quatre premiers pas afin de donner le temps à l'autre de se conformer à son mouvement, et la file marche ensuite droit devant elle. Chaque file vient successivement changer de direction à la même place que celle qui la précède.

L'instructeur fait aussi exécuter les *à droite* et les *à gauche* en marchant; à cet effet, il commande :

1. *Peloton par le flanc droit* (ou *gauche*).
2. MARCHE.

Au commandement de *marche*, qui est fait un moment avant que le pied gauche ou le pied droit soit prêt à poser à terre, suivant que l'on doit faire à droite ou à gauche, les soldats tournent le corps, portent le pied qui est levé dans la nouvelle direction, et continuent la marche sans altérer la cadence; les files doublent et dédoublent rapidement.

Le dédoublement des files a lieu comme il est prescrit plus haut.

Les principes de la marche par le flanc au pas gymnastique sont les mêmes qu'au pas accéléré. L'instructeur fait précéder le commandement de *marche* de celui de *pas gymnastique*.

CAVALERIE.

Définitions et principes généraux.

TROUPE, se compose de rangs et de files.

RANG, se compose de cavaliers les uns à côté des autres.

FILE, se compose de deux cavaliers l'un derrière l'autre.

CHEF DE FILE, est l'homme du premier rang d'une troupe, relativement à celui qui est placé derrière lui au deuxième rang.

SERRE-FILE, est un officier ou un sous-officier placé derrière le deuxième rang.

FRONT, est le devant d'une troupe soit en bataille, soit en colonne.

Centre, est le milieu d'une troupe, soit en bataille, soit en colonne.

Aile, est l'extrémité de droite ou de gauche d'une troupe en bataille.

Flanc, est le côté de droite ou de gauche d'une troupe en colonne.

Hauteur, s'entend du nombre de rangs dont une troupe est composée.

Intervalle, est l'espace vide entre deux troupes ou entre les fractions d'une troupe en bataille. Il s'entend plus particulièrement de l'espace que les escadrons d'un régiment en bataille doivent conserver entre eux.

Cet intervalle est de 12 pas (12 mètres) entre les escadrons et de 24 pas (24 mètres) entre les régiments. Il est mesuré du genou du maréchal des logis (non compté dans le rang) de la gauche d'un escadron, au genou du maréchal des logis de la droite de l'escadron qui suit dans l'ordre de bataille.

A pied, l'intervalle d'un escadron à l'autre est de 12 pas (8 mètres), mesurés des coudes des mêmes maréchaux des logis.

Distance, est l'espace vide compris entre une troupe et une autre en colonne, ou entre les rangs d'une même troupe, soit en colonne, soit en bataille.

La distance entre les rangs ouverts, à cheval, est de 6 pas (6 mètres), mesurés de la croupe des chevaux du premier rang à la tête des chevaux du deuxième; à pied, cette distance est de 6 pas (4 mètres).

La distance entre les rangs serrés, à cheval, est de 1 pas (1 mètre), mesuré de la croupe des chevaux du premier rang à la tête des chevaux du deuxième; à pied, cette distance est de 1/3 de mètre, mesuré des épaules des cavaliers, du premier rang à la poitrine des cavaliers du deuxième.

Lorsqu'une troupe est formée en colonne par pelotons ou par divisions, les distances prescrites sont mesurées, à cheval, des cavaliers d'un premier rang aux cavaliers d'un autre premier rang; à pied, elles sont mesurées des coudes des cavaliers d'un premier rang aux coudes des cavaliers d'un autre premier rang.

Profondeur, est l'espace compris entre la tête et la queue d'une colonne.

La profondeur de la colonne par pelotons est égale au front que la troupe occupait en bataille; elle se mesure de la tête du cheval de l'officier commandant le premier peloton, à la croupe des chevaux des serre-files du dernier peloton.

Pour évaluer le front d'une troupe et la profondeur d'une colonne, il est nécessaire de savoir que chaque cheval monté occupe en épaisseur 1/3 de sa longueur; cette épaisseur est d'un peu moins de 1 mètre. Afin d'éviter les fractions et d'arriver au même but par un calcul plus simple, ayant aussi égard à l'aisance qu'il est indispensable de conserver entre les cavaliers dans le rang, on l'a supposée de 1 mètre. La longueur du cheval n'étant pas tout à fait de 3 mètres, les deux rangs occupent 6 mètres de hauteur, sur lesquels se trouve 1 mètre de distance d'un rang à l'autre, espace nécessaire pour éviter les atteintes dans la marche.

En prenant pour base les dimensions ci-dessus, il

en résulte que l'étendue du front d'un escadron est d'autant de mètres qu'il y a de files, plus les deux sous-officiers des ailes. Cependant il existe une différence selon les armes, et en raison de la manière dont les régiments sont montés; les commandants des corps doivent s'en assurer, en faisant mesurer le front de leurs escadrons.

A pied, on évalue le front d'une troupe à raison de 54 centimètres par homme; on calcule sa profondeur à raison de 33 centimètres par rang, en sus des distances.

ALIGNEMENT, est la disposition de plusieurs cavaliers ou de plusieurs troupes sur une même ligne. On en distingue deux sortes : *l'alignement individuel* et *l'alignement par troupe.*

Alignement individuel, est celui de cavaliers se plaçant les uns à côté des autres, dans une direction parallèle entre eux, et sans que l'un soit en avant ou en arrière de l'autre.

Alignement par troupe, est celui d'une troupe se portant sur le prolongement d'une ligne déjà occupée.

Toute troupe qui doit se former et s'aligner sur une autre, s'arrête à hauteur des serre-files, parallèlement à la ligne de formation, pour se porter ensuite sur l'alignement de la troupe déjà formée.

Tout commandant d'une troupe se porte, pour l'aligner, du côté indiqué par le commandement; il en est de même si la troupe qu'il commande sert de base d'alignement à une autre troupe. Mais le commandant de la troupe qui s'aligne sur une autre se porte du côté opposé pour l'aligner.

Peloton, se compose habituellement de 12 files ; il peut aussi être porté à 16 ; dans ce cas, il se subdivise en deux sections.

Division, se compose de deux pelotons.

Escadron, se compose de deux divisions ou quatre pelotons.

Régiment dans l'ordre en bataille, se compose de ses escadrons placés sur une même ligne avec leurs intervalles.

Il est dans *l'ordre naturel*, lorsque ses escadrons sont placés par ordre de numéros de la droite à la gauche.

Il est dans *l'ordre inverse*, lorsque ses premiers escadrons sont à la gauche de la ligne et ses derniers à la droite, ou lorsque les subdivisions de chaque escadron sont interverties entre elles. On prend indistinctement l'un ou l'autre de ces ordres suivant les circonstances.

Le régiment manœuvre dans l'ordre naturel et dans l'ordre inverse suivant les mêmes principes et doit y être également exercé.

Lorsque le régiment est dans l'ordre inverse les escadrons et les pelotons prennent temporairement, pour l'évolution ou les évolutions qui suivent et jusqu'à retour à l'ordre naturel, les numéros correspondants à la place qu'ils occupent dans la ligne de bataille.

Colonne, est la disposition d'une troupe qui a rompu, et dont les fractions sont placées les unes derrière les autres. On en distingue trois sortes : *la colonne de route, la colonne avec distances* et *la colonne serrée.*

Colonne de route, est formée de cavaliers par deux ou par quatre.

Colonne avec distances, est formée de pelotons ayant entre eux la distance nécessaire pour se remettre en bataille dans tous les sens. On peut aussi former cette colonne par divisions ou par escadrons, mais la proportion du front de peloton est la plus avantageuse pour tous les mouvements.

Colonne serrée, est formée d'escadrons avec 12 pas (12 mètres) d'un escadron à l'autre ; cette disposition a pour objet de donner le moins de profondeur possible à la colonne.

La colonne *double* est formée de deux colonnes avec distance ou de deux colonnes serrées, dont toutes les subdivisions correspondantes sont placées à la même hauteur, et conservent entre elles l'intervalle réglementaire des fractions de tête.

Une colonne a *la droite en tête*, lorsque ses fractions sont placées par ordre de numéros de la tête à la queue.

Une colonne a *la gauche en tête*, lorsque ses dernières fractions, par ordre de numéros, se trouvent les premières.

POINTS FIXES OU DE DIRECTION, servent à indiquer la direction dans laquelle on veut faire marcher une troupe en bataille ou en colonne, ou bien à établir la droite et la gauche d'une ligne.

POINTS INTERMÉDIAIRES, sont ceux pris entre des points fixes. Ils servent à maintenir une troupe, pendant sa marche, dans la direction indiquée, ou bien à assurer la rectitude de la formation des lignes.

GUIDES GÉNÉRAUX, sont les deux sous-officiers servant à marquer, dans la formation d'un régiment, les points où sa droite et sa gauche doivent s'appuyer.

Ils sont choisis dans le premier et le dernier escadron et sont à la disposition des adjudants-majors pour le tracé des lignes.

GUIDES PRINCIPAUX, sont les sous-officiers servant à marquer les points intermédiaires dans la formation en bataille.

Les sous-officiers serre-files des premier et quatrième pelotons sont les guides principaux de leurs escadrons respectifs.

GUIDES PARTICULIERS, sont les sous-officiers qui se portent sur la ligne de formation pour marquer l'encadrement de leurs escadrons à mesure qu'ils y arrivent.

Les deux sous-officiers des ailes, non comptés dans le rang, sont les guides particuliers de leurs escadrons respectifs.

GUIDE DE LA MARCHE EN BATAILLE, est le sous-officier serre-file de l'une des ailes, qui, dans la marche en bataille, remplace au premier rang le guide particulier, lorsque celui-ci se porte sur l'alignement des officiers, pour assurer la direction de la marche en servant de point intermédiaire.

GUIDE DE COLONNE, est le cavalier de l'une des ailes du premier rang d'une troupe en colonne; il est chargé de la direction de la marche. Le guide est à gauche lorsque la droite est en tête, et il est à droite lorsque la gauche est en tête ; les exceptions à cette règle générale sont indiquées.

Dans la marche oblique, le guide est du côté vers lequel on oblique ; et lorsqu'après avoir obliqué, on rentre dans la direction primitive, le guide se reprend du côté où il était précédemment.

Dans une colonne composée de cavalerie et d'infanterie, les guides de la cavalerie sont dirigés sur la deuxième file des subdivisions de l'infanterie, du côté des guides. En ligne, les officiers qui sont devant le front des escadrons s'alignent sur les serre-files de l'infanterie.

CONVERSION, s'entend du mouvement circulaire exécuté par un cavalier ou par une troupe revenant au point de départ.

Lorsqu'une troupe exécute une conversion, elle tourne sur l'une de ses ailes, chacun des cavaliers qui la composent décrivant un cercle plus ou moins grand, en raison de son éloignement du point central.

DEMI-TOUR, est une demi-conversion.

A-DROITE OU A-GAUCHE est un quart de conversion.

DEMI-A-DROITE OU DEMI-A-GAUCHE est le huitième de la conversion.

QUART D'A-DROITE OU QUART D'A-GAUCHE est le seizième de la conversion.

PIVOT, est le cavalier placé au premier rang de l'aile sur laquelle on converse. On en distingue deux sortes : le *pivot fixe* et le *pivot mouvant*.

Le pivot est *fixe* toutes les fois qu'il tourne sur lui-même ; il est *mouvant* lorsqu'il décrit un arc de cercle plus ou moins grand.

L'arc de cercle décrit par le pivot d'un rang de deux, de quatre, de huit, ou par le pivot d'un peloton exécutant un quart de conversion, est de 5 pas ; pour une division, il est de 10 pas ; et pour un escadron il est de 20 pas.

Déboitement, exprime le commencement d'un mouvement de conversion exécuté par les fractions d'un escadron dont les ailes marchantes se séparent du pivot de la fraction qui les avoisine.

Emboitement, exprime la fin d'un mouvement de conversion exécuté par les fractions d'un escadron pour se mettre en bataille, lorsque l'aile marchante de chaque fraction se réunit au pivot de celle qui la précède.

Ploiement, est le mouvement par lequel un régiment quitte l'ordre en bataille pour prendre l'ordre en colonne serrée.

Déploiement, est le mouvement par lequel un régiment quitte l'ordre en colonne serrée pour prendre l'ordre en bataille.

Formation, est le placement régulier de toutes les fractions d'une troupe, soit dans l'ordre en bataille, soit dans l'ordre en colonne.

Obstacle, s'entend d'un accident de terrain qui

oblige une troupe en bataille à ployer une partie de son front.

DÉFILÉ, s'entend de tout passage qui oblige une troupe en bataille à se ployer en colonne, ou une troupe en colonne à diminuer son front.

ALLURES. On en distingue trois sortes : *le pas, le trot* et *le galop*.

A pied, on distingue deux sortes de pas : *le pas accéléré* et *le pas gymnastique*.

Lorsque le commandement n'indique pas l'allure, le mouvement se fait toujours au pas, si la troupe est de pied ferme ; et, si elle est en marche, il se fait à l'allure à laquelle elle marchait précédemment.

A pied, les mouvements s'exécutent habituellement au pas accéléré, sans que le commandement en soit fait. Lorsqu'on veut les exécuter au pas gymnastique, le commandement doit l'indiquer.

Le pas, considéré comme mesure, se compte, à cheval, à raison de 1 mètre.

A pied, il est de 2/3 de mètre.

Le *pas en arrière* est de 1/3 de mètre.

L'étendue de terrain qu'un cheval peut parcourir aux différentes allures, varie en raison de sa conformation ; mais on peut calculer approximativement qu'un cheval parcourt, à chaque pas, 80 à 85 centimètres ; à chaque temps de trot, 120 centimètres ; à chaque temps de galop, 3 m. 25 c. Le cheval doit franchir au *pas*, dans une minute, 100 à 120 mètres ; au *trot* 230 à 250 mètres, et au *galop* 330 à 350 mètres.

A pied, la vitesse du *pas accéléré* est de 110 mètres à la minute.

Celle du *pas gymnastique* est de 150 à 165 mètres à la minute.

MARCHE DIRECTE, est celle qui s'exécute par une troupe en ligne ou en colonne, pour se porter en avant, perpendiculairement à son front.

MARCHE DE FLANC, est celle par laquelle on gagne du terrain vers la droite ou vers la gauche, après avoir exécuté un quart de conversion.

MARCHE DIAGONALE, n'est ainsi nommée que par rapport au front d'où l'on part, en changeant de direction par un demi-à-droite (*ou* un demi-à-gauche), pour arriver à un point déterminé vers la droite *ou* vers la gauche.

MARCHE OBLIQUE, est celle par laquelle on se porte en avant, en gagnant du terrain vers l'un de ses flancs sans changer de front. On en distingue deux sortes : la *marche oblique individuelle* et la *marche oblique par troupe.*

Marche oblique individuelle, est celle qui s'exécute par un mouvement particulier de chaque cavalier.

Marche oblique par troupe, est celle qui s'exécute par un mouvement d'ensemble de chacune des divisions d'une troupe en bataille.

MARCHE CIRCULAIRE, est celle qu'on exécute en décrivant un cercle ou une portion de cercle.

Contre-marche, est un mouvement par lequel on reforme une troupe face en arrière et parallèlement à sa première formation.

Charge, est une marche directe, vive, impétueuse, dont l'ennemi est le but.

Tirailleurs, éclaireurs, ou flanqueurs, sont es cavaliers dispersés en avant, en arrière, sur les flancs ou sur les ailes d'une troupe, pour couvrir ses mouvements ou sa position.

Evolutions, sont les mouvements réguliers par lesquels un régiment passe d'un ordre à un autre.

On appelle *evolutions de ligne* ces mêmes mouvements exécutés par plusieurs régiments, sur une ou plusieurs lignes. Leur application combinée avec la position ou les mouvements de l'ennemi, s'appelle plus spécialement *manœuvres*.

Commandements. On en distingue trois sortes :
Le *comamndement d'avertissement* : il sert de signal pour prendre l'immobilité ou prêter attention.

Le *commandement préparatoire* : il indique le mouvement qui va se faire ; c'est à ce commandement que les cavaliers rassemblent leurs chevaux.

Le *commandement d'exécution.*
Les commandements d'avertissement et préparatoires sont distingués par des lettres *italiques* ; ceux d'exécution par des lettres majuscules.
Le ton du commandement doit être animé, dis-

tinct, et d'une étendue de voix proportionnée à la troupe que l'on commande.

TEMPS, en instruction de détail, est une action d'exercice qui s'exécute à un commandement où à une partie de commandement, et qui se divise en *mouvements*, pour en démontrer le mécanisme et en faciliter l'exécution.

SONNERIES, sont des signaux de trompette indiquant à la troupe les mouvements, ou les détails de service qu'elle doit exécuter.

Rassemblement d'un régiment à cheval.

Quand le régiment doit monter à cheval, on sonne le *boute-selle ;* à ce signal, on selle.

Lorsqu'on sonne le *boute-charge*, on charge et l'on bride ; les cavaliers tiennent leurs chevaux prêts à sortir de l'écurie.

Quand on sonne *à cheval*, les chefs de peloton et les maréchaux des logis les font sortir.

Le lieutenant colonel ayant reçu les rapports et s'étant assuré que toutes les inspections ont été passées, donne ses ordres à l'officier supérieur de semaine pour faire sonner l'*assemblée* et réunir le régiment.

Après la réunion du régiment il en passe l'inspection et, à l'arrivée du colonel, il lui fait son rapport et prend ses ordres.

En cas d'alerte ou de surprise, comme il s'agit de se mettre sous les armes le plus tôt possible, on sonne *à cheval;* alors le cavalier selle, charge, bride et monte à cheval avec la plus grande célérité, pour se rendre au lieu du rassemblement, qui est toujours déterminé d'avance.

Rassemblement d'un régiment à pied.

Lorsqu'un régiment doit prendre les armes à pied on fait sonner quatre *appels* consécutifs; à ce signal, les cavaliers sont réunis, inspectés, et les rapports rendus comme il est prescrit plus haut.

Dans ce cas, le peloton hors-rang et les enfants de troupe sont placés à la gauche du régiment.

Salut du sabre.

Lorsque les officiers supérieurs et officiers doivent saluer, soit à cheval soit à pied, de pied ferme ou en marchant, ils le font en quatre temps :

1. A 4 pas de la personne qu'on doit saluer, élever le sabre verticalement, la pointe en haut, le tranchant à gauche, la poignée vis-à-vis et à 33 centimètres de l'épaule droite, le coude à 16 centimètres du corps.

2. Baisser la lame en étendant le bras de toute sa

longueur, le poignet en quarte, jusqu'à ce que la pointe du sabre se trouve vers le pied.

3. Relever vivement le sabre la pointe en haut, comme au premier temps, lorsque la personne qu'on a saluée est dépassée de 4 pas.

4. Porter le sabre à l'épaule.

INSTRUCTIONS ÉLÉMENTAIRES.

L'instruction de l'homme de recrue commence par le travail à pied. La première semaine de son arrivée au régiment est employée exclusivement à l'instruire de tous les détails de discipline, de police et de service intérieur, ainsi que de ceux relatifs à la tenue du cavalier et au pansage du cheval.

On lui fait connaître successivement les différentes parties de l'armement, de l'équipement et du harnachement, ainsi que les moyens de les entretenir; la manière de rouler le manteau, de plier les effets, de les placer dans le porte-manteau, de paqueter, seller, charger, brider, débrider et desseller.

Ces diverses instructions sont données par le brigadier de chambrée, sous la surveillance du sous-officier et de l'officier de peloton.

Les hommes de recrue, après ces huit jours, commencent leur instruction à pied, mais on continue à les instruire des détails ci-dessus mentionnés.

Ils sont exercés à pied, autant que possible, deux fois par jour et chaque fois pendant une heure et demie.

Quinze jours après leur arrivée au corps, on commence leur instruction à cheval, ayant l'attention de leur donner des chevaux sages et dressés.

Les hommes de recrue doivent après six semaines ou deux mois au plus, être en état de monter la garde au quartier.

INSTRUCTION POUR PAQUETER, SELLER ET DESSELLER. — DE L'EMBOUCHURE.

Manière de paqueter les effets.

Placer les deux chemises étendues et déployées l'une sur l'autre.

Placer sur les chemises le pantalon d'ordonnance plié sur lui-même dans sa longueur.

Etendre le deuxième caleçon sur le pantalon.

Répartir aux extrémités les gants, mouchoirs et calottes, la deuxième cravate étendue au milieu.

Tous ces effets devront être ployés un peu plus longs que le porte-manteau, afin de mieux le cintrer.

Envelopper et rouler tous ces effets dans les chemises ; engager le tout dans le porte-manteau.

Placer le livret au-dessus.

Le plumet ou l'aigrette dans son étui sous la patte du porte-manteau.

La veste d'écurie et le calot d'écurie dans la besace.

Le pantalon de treillis dans le sac à distribution, le tout roulé un peu plus court que le manteau,

Les souliers éperonnés munis du cache-éperons.

Les effets de pansage dans une musette, les effets de propreté dans l'autre.

La corde à fourrage roulée et tortillée en cercle.

Manière de rouler le manteau.

Le manteau étant déployé dans son entier, les pans boutonnés, la rotonde relevée en dehors, étendre les manches sur leur plat, parallèlement aux deux devants ; relever et plier chacunes d'elles de manière à donner d'un pli à l'autre la longueur du sabre nu, y compris la poignée ; rabattre la rotonde par-dessus les manches, de manière que les devants couvrent exactement ceux du corps du manteau et que les deux plis formés par leur ampleur se trouvent dans une direction parallèle à la ligne du milieu ; relever l'extrémité inférieure du manteau, jusques et y compris la jonction des deux pans ; relever également les pans l'un vers l'autre, de manière qu'ils touchent le pli des manches et qu'ils donnent au manteau la forme d'un carré long ; renverser l'extrémité inférieure du manteau d'environ 19 centimètres et le rouler aussi serré que possible, en commençant par le côté du collet et appuyant le genou au fur et à mesure sur la partie roulée pour la contenir ; introduire cette partie roulée dans l'espèce de portefeuille formé par la partie renversée.

Manière d'ajuster une selle.

Placer la selle sur le dos du cheval, sans couverte ni tapis, afin de bien voir si la forme se rapporte à celle du dos du cheval.

S'assurer que la pointe antérieure de la lame soit à trois doigts en arrière de la pointe de l'épaule; que les arcades laissent assez de liberté au garrot et au rognon pour que l'on puisse passer le poing sous l'arcade postérieure et presque autant sous l'antérieure, le cavalier étant en selle; que les extrémités des lames ne portent pas et que l'on puisse passer le doigt dessous; que le reste des lames porte bien à plat, de manière que l'on puisse cependant passer le doigt entre leurs bords et le dos du cheval et qu'elles soient au moins à deux travers de doigt de la colonne vertébrale; que le poitrail soit fixé à trois ou quatre doigts au-dessus de la pointe des épaules; que le cœur en cuivre soit exactement placé au centre du poitrail, à la naissance de l'encolure; enfin, que la croupière ne soit pas tendue, pour ne pas blesser le cheval sous la queue ou le faire ruer.

Pour monter l'étrier à la selle, engager l'étrivière dans l'œil de l'étrier; la passer de bas en haut dans la mortaise de la bande; la tirer à soi par-dessus la bande; la passer dans la partie supérieure de la boucle; la boucler; en faire rentrer l'extrémité dans la partie inférieure de la boucle; faire remonter la boucle contre la mortaise.

Manière de seller.

S'approcher du cheval par le côté gauche et placer sur son dos le tapis en feutre, puis la couverte pliée en quatre, le gros pli sur le garrot, les lisérés du côté gauche; disposer sur ces deux effets le surfaix d'écurie, de façon que sa boucle pende du côté droit et que cette boucle, lorsque le surfaix sera bouclé, apparaisse du côté montoir à environ un travers de main du dessous du ventre du cheval.

La sangle et son contre-sanglon ayant été introduits dans les passes inférieures du coussinet, prendre la selle de la main gauche à l'arcade de devant et de la main droite sous la palette; la placer doucement sur le dos du cheval, en l'amenant par le côté de la croupe, pour ne pas l'effrayer, et un peu en arrière afin d'avoir la facilité d'engager la queue dans le culeron de la croupière; abattre la sangle, le poitrail et la croupière; se placer derrière le cheval; saisir de la main gauche la queue et en tortiller les crins autour du tronçon avec la main droite, qui saisit ensuite le culeron et l'engage sous la queue, dont on a soin de dégager tous les crins; passer du côté droit et saisissant la selle de la main gauche à la palette et de la main droite à l'arcade de devant la soulever et la porter en avant à la place qu'elle doit occuper sur le dos du cheval, les mamelles de l'arçon en arrière du jeu des épaules; s'assurer alors si, dans ce mouvement de va-et-vient, la couverte et le tapis n'ont pas été déplacés, si la couverte ne forme aucun pli, particulièrement sur le garrot, et la soulever avec la main droite dans cette partie;

regarder en même temps s'il n'y a pas des cuirs pris sous la selle et les ôter s'il y en a; mettre la sangle sur son plat, l'engager dans l'œillet de la fausse martingale ; revenir du côté gauche ; passer une seconde fois la main sous la couverte pour l'empêcher de comprimer le garrot; débouler le surfaix, l'engager dans l'œillet de la sangle, reboucler ; serrer la sangle avec modération et sans brusquerie, boucler le poitrail et abattre les étriers.

Manière de brider.

Se placer du côté montoir; passer le licol à la tête du cheval; boucler la sous-gorge sans la serrer, afin de ne pas gêner la respiration; prendre la bride avec la main gauche; passer avec la main droite les rênes de la bride et du filet par-dessus le cou du cheval; prendre la bride à la tetière avec la main droite, l'élever; passer le bras par-dessus l'encolure, de manière que la main soit en avant de la tête; saisir avec la main gauche le mors de filet près de l'anneau et celui de la bride près des bossettes, ayant l'attention que le mors du filet soit au-dessus de celui de la bride; les présenter à la bouche du cheval et les y placer ensemble, en appuyant le pouce gauche sur la barre pour faire ouvrir la bouche; passer les oreilles entre le frontail et le dessus de tête, en commençant par l'oreille droite; mettre la boutonnière du licol au bouton de dessus de tête; dégager le toupet; accrocher la gourmette; attacher la longe du licol, le bout roulé en boudin, au D de longe du côté montoir.

Manière de débrider.

Décrocher la gourmette; déboutonner le licol; détacher la longe et attacher le cheval au râtelier jusqu'à ce qu'il soit dessellé; avancer les rênes de la bride et du filet sur le dessus de tête, les passer par-dessus les oreilles, les laisser tomber dans le pli du bras gauche; ôter la bride de la tête du cheval, en commençant par dégager l'oreille droite; faire deux tours au-dessous du frontail avec les rênes de la bride et les passer entre le frontail et le dessus de tête.

Manière de desseller.

Mettre les étriers aux trousse-étriers; déboucler le poitrail; déboucler la sangle et le surfaix d'écurie; dégager ce dernier de l'œillet de la sangle; dégager la sangle de l'œillet de la fausse martingale; relever le poitrail sur la selle; porter la selle un peu en arrière pour dégager la queue de la croupière; enlever la selle après avoir relevé la croupière et la sangle sur le siége; retirer la couverte et le tapis, les placer sur la selle et engager le culeron dans la courroie du chapelet.

Le cheval étant dessellé, le détacher du râtelier et l'attacher à la mangeoire.

DE L'EMBOUCHURE.

Les *mors* en fer forgé sont de trois espèces différentes: *mors de bride, mors de filet, mors de bridon d'abreuvoir.*

Le mors de bride se divise en *embouchure, branches* et *gourmette.*

Les autres pièces sont accessoires et servent, ou à assurer l'effet des premières, ou seulement à orner le mors; ce sont : les *fonceaux*, les *anneaux*, l'*S*, le *crochet* et les *bossettes.*

L'embouchure se place dans la bouche du cheval et s'étend d'une branche à l'autre ; elle se divise en *canons, liberié de langue* et *talons.*

Les canons agissent sur les *barres.*

La liberté de langue est l'arcade qui sert à loger la langue.

Les talons séparent la liberté de langue des canons.

Les branches, qui sont de la forme dite *à la Condé* ou *à col de cygne*, se réunissent aux canons.

Les fonceaux forment la contre-rivure qui fixe l'embouchure aux branches. Au-dessus des fonceaux s'élève le *haut de la branche* qui s'élargit à son extrémité et se termine par l'*œil*, anneau elliptique qui reçoit le *porte-mors* de la bride.

L'S et le crochet de la gourmette s'attachent à deux *œillets* percés au-dessous de l'œil.

Au-dessous des fonceaux se trouve le *bas de la branche* ou *sous-barbe*, qui se bifurque en *gigot* à la hauteur de l'embouchure, vient se relier en bas de la sous-barbe et se prolonge par une courbe d'avant en arrière formant *col de cygne*.

Ce prolongement, qui est cylindrique, se renfle à son extrémité, que termine en sens horizontal un *sabot* arrondi, percé d'un œil dans lequel se meut un *anneau fermé* auquel les rênes viennent se boucler.

Un peu au-dessus et en avant de ce sabot, dans le renflement terminal de la branche, est rivée une *barette* cintrée en contre-bas, qui réunit les deux branches et qui a pour but de prévenir leur écartement et leur gauchissement.

Les branches sont ornées de *bossettes* en cuivre, estampées et fixées sur les fonceaux par deux clous rivés, également en cuivre, de la forme dite à *goutte de suif* et traversant les deux *oreilles* dont les bossettes sont garnies en haut et en bas.

Les bossettes sont timbrées de l'attribut de l'arme en relief.

La gourmette se compose de *mailles* et de *maillons* en fer. Les mailles agissent sur la barbe du cheval; les maillons servent à attacher la gourmette, Un seul maillon s'attache à l'S placée du côté droit; deux autres permettent d'allonger ou de raccourcir la gourmette. L'un d'eux vient habituellement se fixer au crochet placé à gauche.

Le *mors de filet* est formé de deux canons s'articulant à trois brisures; deux anneaux fixés aux extrémités des canons reçoivent chacun cinq maillons et un T qui s'engage dans le D demi-rond des montants de bride.

Le modèle de mors de bride est le même pour tous les corps de cavalerie, mais, pour les régiments remontés en chevaux arabes, il est de dimensions plus petites.

Le *mors de bridon d'abreuvoir* se compose de deux canons articulés ensemble par une charnière nommée *pli*. Les canons se terminent par deux anneaux à *oreilles*, qui reçoivent en même temps les montants du bridon et les rênes.

Pour que le mors soit bien ajusté et produise tout son effet, il faut:

1° Que les canons portent également sur les barres à un travers de doigt des crochets inférieurs pour le cheval, et à deux travers de doigt des coins pour la jument;

2° Que l'embouchure ne soit ni trop étroite, ni trop large;

3° Que la gourmette s'appuie sur la barbe et soit serrée de telle sorte qu'on puisse introduire le premier doigt, à plat, entre elle et l'os du menton.

Si les canons portaient plus haut qu'il n'est indiqué, ils agiraient sur des parties moins sensibles et leur effet serait amoindri; de plus, le mors de filet comprimerait la commissure des lèvres et n'aurait pas le jeu nécessaire à son emploi.

Si les canons portaient plus bas, ils butteraient contre les crochets, gèneraient le cheval et provoqueraient des défenses.

Si l'embouchure était trop étroite, les branches plisseraient les lèvres, les blesseraient et le cheval s'armerait contre le mors.

Si l'embouchure était trop large, les canons porteraient sur les lèvres plus qu'il ne convient, leur contact avec les barres ne serait plus assuré et le mors serait sujet à basculer.

Si la gourmette n'était pas assez serrée, la partie supérieure des branches serait entraînée en avant, alors que la traction des rênes solliciterait leur extrémité inférieure en arrière; les canons rouleraient sur les barres, et, leur pression étant en partie annulée, l'action du mors n'aurait plus son effet.

Si la gourmette était trop serrée, elle blesserait le cheval ; de plus, la pression exercée par elle sur le menton étant plus vivement ressentie que celle des canons sur les barres, l'effet du mors serait changé et le cheval ne céderait plus moelleusement à l'action de la main.

Les jeunes chevaux ayant la barbe très-sensible, on peut placer un morceau de feutre ou de cuir, entre la gourmette et la barbe, lorsqu'ils sont bridés pour la première fois. On cesse d'employer ce moyen quand ils sont habitués aux effets du mors.

TRAVAIL PRÉPARATOIRE.

Sauter à cheval et à terre.
Position du cavalier à cheval.
Maniement des rênes du bridon.

SAUTER A CHEVAL ET A TERRE.

Sauter à cheval.

Au commandement: PRÉPAREZ-VOUS POUR SAUTER A CHEVAL, se placer à l'épaule gauche du cheval; saisir les crins avec la main gauche, leur extrémité sortant du côté du petit doigt; placer la main droite, qui tient les rênes, sur le pommeau.

Au commandement: A CHEVAL, s'élancer vivement en s'enlevant sur les deux poignets; rester un instant dans cette position, et se mettre légèrement en selle.

Sauter à terre.

Au commandement : PRÉPAREZ-VOUS POUR SAUTER A TERRE, saisir les crins avec la main gauche et placer la main droite sur le pommeau, comme il est prescrit pour se préparer à sauter à cheval.

Au commandement : A TERRE, s'enlever sur les deux poignets; rapporter la cuisse droite à côté de la gauche; rester un instant dans cette position et arriver légèrement à terre.

POSITION DU CAVALIER A CHEVAL.

Les fesses portant également sur la selle et le plus en avant possible;

Les cuisses tournées sans effort sur leur plat, embrassant également le cheval, ne s'allongeant que par leur propre poids et celui des jambes;

Le pli des genoux liant;

Les jambes libres et tombant naturellement;

La pointe des pieds tombant de même;

Les reins soutenus sans raideur;

Le haut du corps aisé, libre et droit;

Les épaules également effacées;

Les bras libres, les coudes tombant naturellement;

La tête droite, aisée et dégagée des épaules;

Une rêne du bridon dans chaque main, les doigts fermés, le pouce allongé sur chaque rêne, les poignets à hauteur du coude, soutenus et séparés à 16 centimètres l'un de l'autre, les doigts se faisant face, l'extrémité supérieure des rênes sortant du côté du pouce.

MANIEMENT DES RÊNES DU BRIDON.

Allonger les rênes.

Au commandement : ALLONGEZ LA RÊNE GAUCHE, rapprocher les poignets l'un de l'autre sans les renverser; saisir la rêne gauche avec le pouce et le premier doigt de la main droite, à 3 centimètres du pouce gauche;

Entr'ouvrir la main gauche, faire couler la rêne jusqu'à ce que les pouces se touchent, refermer la main et replacer les poignets.

Raccourcir les rênes.

Au commandement : RACCOURCISSEZ LA RÊNE GAUCHE, rapprocher les poignets l'un de l'autre sans les renverser; saisir la rêne gauche avec le pouce et le premier doigt de la main droite de manière que les pouces se touchent;

Entr'ouvrir la main gauche; élever la main droite et faire couler la rêne jusqu'à ce que les pouces se trouvent à 3 centimètres l'un de l'autre, refermer la main et replacer les poignets.

Croiser les rênes dans une main.

Au commandement : CROISEZ LES RÊNES DANS LA MAIN GAUCHE, renverser le poignet gauche, les ongles en dessous, en l'amenant vis-à-vis le milieu du corps;
Entr'ouvrir la main gauche, y passer la partie de la rêne qui était dans la main droite, refermer la main gauche et replacer la main droite sur le côté.

Séparer les rênes.

Au commandement : SÉPAREZ LES RÊNES, ent'rouvrir la main gauche, saisir avec la main droite, les ongles en dessous, la partie de la rêne droite qui est dans la main gauche, refermer la main et replacer les poignets.

Abandonner les rênes.

Au commandement : ABANDONNEZ LES RÊNES, laisser tomber les rênes sur l'encolure, les mains sur le côté et en arrière des cuisses.

Reprendre les rênes.

Au commandement : REPRENEZ LES RÊNES, prendre une rêne dans chaque main, sans incliner le corps, et replacer les poignets.

SONNERIES.

Pour le service ¡intérieur.

1. Le réveil.
2. Le repas des chevaux.
3. L'appel.
4. Le pansage.
5. Le boute-selle.
6. Le boute-charge.
7. A cheval.
8. L'assemblée.
9. A l'étendard.
10. L'ouverture du ban.
11. La fermeture du ban.
12. Pour desseller.
13. Le rassemblement du régiment à pied (*on sonne quatre appels consécutifs*).
14. L'instruction.
15. A l'ordre.
16. Aux officiers.
17. A l'ordre pour les maréchaux des logis chefs.
18. A l'ordre pour les fourriers.
19. Aux maréchaux des logis de semaine.
20. Aux brigadiers de semaine.
21. Aux malades.
22. La soupe.
23. Les corvées.
24. Les distributions.
25. Le rassemblement de la garde.
26. L'appel des consignés.
27. La réunion des trompettes.
28. La retraite.

29. L'extinction des feux.
30. La générale.

Pour les routes et pour les manœuvres.

31. Garde à vous.
32. Sabre à la main.
33. Remettez le sabre.
7. A cheval.
34. Pied à terre.
35. La marche.
36. Tête de colonne à droite.
37. Tête de colonne à gauche.
38. La charge.
39. Pour faire mettre les manteaux.

Pour le service des tirailleurs.

40. En avant.
41. Halte.
42. A droite.
43. A gauche.
44. Demi-tour.
45. Ralliement des tirailleurs sur leur chef.
46. Ralliement général.
6. La charge en fourrageurs (*on sonne le boute-charge*).
47. Au pas (étant au trot ou au galop).
48. Au trot (*à pied*, au pas gymnastique).
49. Au galop.
50. Pour faire commencer *ou* cesser le feu.

ARTILLERIE.

ÉCOLE DU CANONNIER A PIED.

Travail du canonnier armé du sabre.

Les canonniers sont placés sur un rang à 1 mètre l'un de l'autre.

Quand le canonnier est en armes, il a la main gauche pendante sur le côté, par-dessus le sabre.

Maniement du sabre.

Le *côté droit* est la partie de la poignée opposée à la garde.

Le *côté gauche* est la partie de la poignée du côté de la garde.

Tierce est la position dans laquelle le tranchant de la lame est tourné à droite (ou en dehors), les ongles en dessous.

Quarte est la position dans laquelle le tranchant de la lame est tourné à gauche (ou en dedans), les ongles en dessus.

Sabre à la main.

2 temps.

A la première partie du commandement, qui est SABRE, incliner légèrement la tête à gauche, sans déranger la position ; décrocher le sabre et ramener la monture en avant avec la main gauche ; engager le poignet droit dans la dragonne ; saisir le sabre à la poignée ; dégager la lame du fourreau, de 16 centimètres, en maintenant le fourreau contre la cuisse avec la main gauche, qui le tient au premier anneau, et replacer la tête directe.

A la dernière partie du commandement, qui est MAIN, tirer vivement le sabre en élevant le bras de toute sa longueur ; marquer un temps d'arrêt ; porter le sabre à l'épaule droite, le dos de la lame appuyé au défaut de l'épaule, le poignet à la hanche, le petit doigt en dehors de la poignée, et remettre le fourreau au crochet avec la main gauche.

Remettez le sabre.

2 temps.

A la première partie du commandement, qui est REMETTEZ, décrocher le fourreau et ramener l'ouverture en avant avec la main gauche ; porter le sabre en avant, le bras demi-tendu, la main vis-à-vis et à 16 centimètres du col, la lame verticale, le tranchant à gauche, le pouce allongé sur le côté droit de la poignée, le petit doigt se réunissant aux trois autres.

A la dernière partie du commandement, qui est SABRE, porter le poignet vis-à-vis et à 16 centimètres de l'épaule gauche ; baisser la lame et la passer en croix le long du bras gauche, la pointe en arrière ; incliner légèrement la tête à gauche, en fixant l'œil sur l'ouverture du fourreau, y remettre la lame, dégager le poignet de la dragonne, replacer la tête directe, la main droite sur le côté, et remettre le sabre au crochet, la monture en arrière.

Présentez le sabre.

1 temps.

A la dernière partie du commandement, qui est SABRE, exécuter le premier temps de *remettez le sabre*, sans décrocher le fourreau.

Portez le sabre.

1 temps.

A la dernière partie du commandement, qui est SABRE, reporter le sabre, le dos de la lame appuyé au défaut de l'épaule, le poignet à la hanche, le petit doigt en dehors de la poignée.

Reposez le sabre.

1 temps, 3 mouvements.

A la dernière partie du commandement, qui est sabre, détacher le sabre verticalement et à 11 centimètres de l'épaule avec la main droite, saisir en même temps la lame avec la main gauche au-dessus de la garde.

2. Saisir la garde avec la main droite, le dos de la main en avant.

3. Replacer vivement la main gauche sur le côté, allonger le bras droit et appuyer le dos de la lame au défaut de l'épaule.

Portez le sabre.

1 temps, 3 mouvements.

A la dernière partie du commandement, qui est TABRE, élever le sabre verticalement avec la main droite, la lame détachée et à 11 centimètres de l'épaule ; saisir la lame avec la main gauche au-dessus de la garde.

2. Replacer la main droite à la poignée.

3. Reporter le sabre à l'épaule et replacer en même temps la main gauche sur le côté.

Genou à terre.

1 temps.

A la dernière partie du commandement, qui est TÉRRÉ, porter le pied droit en arrière, en tournant un peu la pointe du pied gauche en dedans ; mettre le genou à terre à 16 centimètres en arrière et à droite du talon gauche ; baisser la pointe du sabre jusqu'à terre, le bras demi-tendu, le poignet en quarte ; placer la main gauche à la coiffure, le dessus de la main contre la visière, les doigts étendus et joints, le coude élevé.

Portez le sabre.

2 temps.

A la première partie du commandement, qui est **PORTEZ**, se relever, rapporter le pied droit à côté du gauche et reprendre la position de *présentez le sabre.*

A la dernière partie du commandement, qui est **SABRE**, reporter le sabre à l'épaule.

Inspection du sabre.

1 temps, 3 mouvements.

A la dernière partie du commandement, qui est **SABRE**, exécuter le mouvement de *présentez le sabre.*

2. Tourner le poignet en dedans pour montrer l'autre côté de la lame.

3. Porter le sabre à l'épaule droite, le dos de la lame appuyé au défaut de l'épaule, le poignet à la hanche, le petit doigt en dehors de la poignée.

Chaque canonnier, quand l'instructeur passe devant lui, exécute les premier et deuxième mouvements de l'inspection du sabre, et dès que l'instructeur l'a dépassé de deux canonniers, il exécute le troisième mouvement.

Travail de pied ferme et marche avec le sabre.

Toutes les fois que l'on commande : MARCHE, les canonniers saisissent le fourreau avec la main gauche, au-dessus du bracelet inférieur, la main fermée, le pouce allongé.

Toutes les fois que les canonniers se mettent en mouvement, ils prennent, au commandement : MARCHE, la position de *reposez le sabre*.

Toutes les fois que l'on commande : HALTE, les canonniers se remettent au port du sabre.

EXERCICES DU SABRE.

En garde.

1 temps.

Au commandement : EN GARDE, décrocher le fourreau ; porter le pied droit à deux tiers de mètre du pied gauche, les talons sur la même ligne ; placer la main gauche fermée à 16 centimètres du corps et à hauteur du coude, les doigts en face du corps, le petit doigt plus près que le haut du poignet (*position de la main de la bride*) ; porter en même temps le poignet droit en tierce, à hauteur et à

8 centimètres du poignet gauche, le pouce allongé
sur le dos de la poignée, le petit doigt réuni aux
trois autres, la pointe du sabre inclinée en avant et
à gauche, plus élevée que le poignet de deux tiers
de mètre.

Portez le sabre.

1 temps.

A la dernière partie du commandement, qui est
SABRE, reporter le sabre à l'épaule, rapporter le
pied droit à côté du gauche, et remettre le fourreau
au crochet, avec la main gauche.

MOULINETS.

A gauche moulinet.

1 temps, 2 mouvements.

A la dernière partie du commandement, qui est
MOULINET, étendre le bras droit en avant de toute
sa longueur, le poignet en tierce et à hauteur des
yeux.
2. Baisser la lame en arrière du coude gauche
pour décrire un cercle d'arrière en avant, en rasant
vivement l'encolure du cheval, et se remettre en
garde.

A droite moulinet.

1 temps, 2 mouvements.

A la dernière partie du commandement qui est MOULINET, étendre le bras droit en avant de toute sa longueur, le poignet en quarte et à hauteur des yeux.

2. Baisser la lame en arrière du coude droit pour décrire un cercle d'arrière en avant, en rasant vivement l'encolure du cheval, et se remettre en garde.

A gauche et à droite moulinet.

1 temps, 2 mouvements.

A la dernière partie du commandement, qui est MOULINET, exécuter le premier mouvement de : *à gauche moulinet.*

2. Exécuter alternativement, et sans s'arrêter sur aucun mouvement, le moulinet à gauche et le moulinet à droite.

A droite et à gauche moulinet.

1 temps, 2 mouvements.

A la dernière partie du commandement, qui est MOULINET, exécuter le premier mouvement de *à droite moulinet.*

2. Exécuter alternativement, et sans s'arrêter sur aucun mouvement, le moulinet à droite et le moulinet à gauche.

En arrière moulinet.

1 temps , 2 mouvements.

A la dernière partie du commandement, qui est MOULINET, élever le bras en arrière à droite de toute sa longueur, la pointe du sabre en l'air, le tranchant à droite, le pouce allongé sur le dos de la poignée, le corps légèrement tourné à droite.

2. Décrire un cercle en arrière de gauche à droite, le poignet éloigné du corps le plus possible, et se remettre en garde.

Vers la gauche pointez.

1 temps, 3 mouvements.

A la dernière partie du commandement, qui est POINTEZ, porter la pointe du sabre un peu en avant, en la baissant à hauteur de la poitrine d'un homme à cheval.

2. Porter le coup de pointe en avant et à gauche, en allongeant le bras de toute sa longueur, le poignet en tierce, la lame horizontale, le pouce allongé sur le dos de la poignée et appuyé contre la garde.

3. Se remettre en garde.

Vers la droite pointez.

1 temps, 3 mouvements.

A la dernière partie du commandement, qui est POINTEZ, porter la pointe du sabre en avant et à droite, en écartant le poignet sans faire bouger le coude, et en baissant la pointe à hauteur de la poitrine d'un homme à cheval.

2. Porter le coup de pointe en avant et à droite, en allongeant le bras de toute sa longueur, le poignet en tierce, la lame horizontale, le pouce allongé sur le dos de la poignée et appuyé contre la garde.

3. Se remettre en garde.

Les coups de pointe *vers la gauche* et *vers la droite* se portent également avec le poignet en quarte ; le canonnier, partant de la même position préparatoire, tourne la main, les ongles en dessus en allongeant le bras. L'instructeur signale cette différence et fait précéder ce travail, qui s'exécute aux mêmes commandements, de l'indication : *les coups seront portés en quarte*.

A gauche pointez.

1 temps, 3 mouvements.

A la dernière partie du commandement, qui est POINTEZ, tourner la tête à gauche, ramener la pointe du sabre dans cette direction, en la baissant à hauteur de la poitrine d'un homme à cheval.

2. Porter le coup de pointe à gauche, en allongeant le bras de toute sa longueur, le poignet en

tierce, la lame horizontale, le pouce allongé sur le dos de la poignée et appuyé contre la garde.

3. Se remettre en garde.

A droite pointez.

1 temps, 3 mouvements.

A la dernière partie du commandement, qui est POINTEZ, tourner la tête à droite, ramener la pointe du sabre dans cette direction, en tournant le poignet en quarte et en baissant la pointe à hauteur de la poitrine d'un homme à cheval.

2. Porter le coup de pointe à droite, en allongeant le bras de toute sa longueur, le poignet en quarte, la lame horizontale, le pouce allongé sur le dos de la poignée et appuyé contre la garde.

3. Se remettre en garde.

Vers la gauche sabrez.

1 temps, 3 mouvements.

A la dernière partie du commandement, qui est SABREZ, élever le sabre, le bras tendu en avant et à droite, le poignet en quarte et plus élevé que la tête, la lame dans le prolongement du bras, le pouce allongé sur le dos de la poignée et appuyé contre la garde.

2. Porter le coup de sabre en avant et à gauche, en allongeant le bras de toute sa longueur.

3. Se remettre en garde.

9

Vers la droite sabrez.

1 temps, 3 mouvements.

A la dernière partie du commandement, qui est SABRÉZ, élever le sabre, le bras demi-tendu, le poignet un peu au-dessus de la tête, le tranchant en l'air, la pointe en arrière à gauche et plus élevée que le poignet, le pouce allongé sur le dos de la poignée et appuyé contre la garde.

2. Porter le coup de sabre en avant et à droite, en allongeant le bras de toute sa longueur.

3. Se remettre en garde.

A gauche sabrez.

1 temps, 3 mouvements.

A la dernière partie du commandement, qui est SABREZ, tourner la tête à gauche, élever le sabre, le bras tendu en avant et à droite, le poignet en quarte et plus élevé que la tête, la lame dans le prolongement du bras, le pouce allongé sur le dos de la poignée et appuyé contre la garde.

2. Porter le coup de sabre à gauche, en allongeant le bras de toute sa longueur.

3. Se remettre en garde.

A droite sabrez.

1 temps, 3 mouvements.

A la dernière partie du commandement, qui est SABREZ, tourner la tête à droite, porter le poignet vis-à-vis de l'épaule gauche, la lame verticale, le tranchant à gauche, le pouce allongé sur le dos de la poignée et appuyé contre la garde.

2. Porter le coup de sabre à droite, en allongeant le bras de toute sa longueur.

3. Se remettre en garde.

Vers la gauche parez.

1 temps , 2 mouvements.

A la dernière partie du commandement, qui est PAREZ, tourner le poignet en quarte et le porter vivement en avant et à gauche ; la pointe inclinée en avant, à hauteur des yeux et dans la direction de l'épaule gauche ; le pouce allongé sur le dos de la poignée et appuyé contre la garde.

2. Se remettre en garde.

Vers la droite parez.

1 temps, 2 mouvements.

A la dernière partie du commandement, qui est PAREZ, porter vivement le poignet en tierce, un peu en avant et à droite, sans faire bouger le coude ; la pointe inclinée en avant, à hauteur des yeux et dans la direction de l'épaule droite ; le pouce allongé sur le dos de la poignée et appuyé contre la garde.

2. Se remettre en garde.

Pour la tête parez.

1 temps, 2 mouvements.

A la dernière partie du commandement, qui est PAREZ, élever vivement le sabre au-dessus de la tête, le bras presque tendu, le tranchant en l'air, la pointe à gauche et plus élevée que le poignet d'environ 16 centimètres.

2. Se remettre en garde.

EXERCICES DU CANONNIER A CHEVAL.

Le lecteur n'a qu'à étudier les principes donnés pour l'arme de la cavalerie (voir page 54), les instructions étant les mêmes.

DISPOSITIONS DE LOIS OU RÈGLEMENTS DONT LES MILITAIRES DOIVENT AVOIR INCESSAMMENT LE TEXTE SOUS LES YEUX.

MARQUES EXTÉRIEURES DE RESPECT.

DEVOIRS GÉNÉRAUX. — Les militaires doivent, en toutes circonstances, même hors du service, de la déférence et du respect aux titulaires des grades supérieurs quels que soient l'arme et le corps auxquels ceux-ci appartiennent.

L'inférieur prévient le supérieur en le saluant le premier ; le supérieur rend le salut.

FORMES DE SALUT. — Les sous-officiers et les soldats saluent en portant la main droite au côté droit du casque, du shako, du turban ou du bonnet de police, la paume de la main en dehors, et le coude à la hauteur de l'épaule.

A cheval, les sous-officiers et les soldats saluent en portant la main droite à la coiffure quelle qu'elle soit.

Tout sous-officier ou soldat qui est assis, se lève pour saluer un officier et se tourne de son côté.

Le salut ne se renouvelle pas dans une promenade ou tout autre lieu public.

Les sous-officiers et soldats ne se découvrent chez leur supérieur que lorsqu'il les y autorise.

Tout sous-officier ou soldat parlant à un officier, prend une attitude militaire ; s'il est en bonnet de police, il tient son bonnet à la main jusqu'à ce que l'officier l'autorise à se couvrir.

SALUT A L'ÉGARD DES FONCTIONNAIRES. — Les membres de l'intendance militaire ont droit au salut des militaires.

Y ont encore droit : les fonctionnaires civils en costumes, et les officiers de santé militaires.

PLANTONS ET ORDONNANCES. — En passant près des officiers, les plantons et ordonnances à pied, avec le fusil ou mousqueton, portent l'arme sans s'arrêter.

Quand ils sont chargés d'une dépêche, ils la remettent de la main gauche, et vont attendre, à quelques pas de distance, et reposés sur l'arme, la réponse ou le reçu.

Si la dépêche est remise à un officier général ou supérieur, l'ordonnance présente l'arme, la contient de la main gauche, et remet la dépêche de la main droite.

VISITES D'OFFICIERS. — Quand un officier entre dans une chambre le caporal commande : *fixe*; les soldats se lèvent, se découvrent s'ils sont en bonnet de police, gardent le silence et l'immobilité jusqu'à ce que l'officier soit sorti, ou qu'il ait commandé *repos* ; si c'est un officier supérieur, le caporal commande : *à vos rangs* ; les soldats se placent au pied de leurs lits ; lorsqu'ils y sont, le caporal commande : *fixe*.

NOMENCLATURE ALPHABÉTIQUE

DES CRIMES ET DÉLITS MILITAIRES ET PEINES Y ATTACHÉES.

CRIMES OU DÉLITS.	PEINES.	ARTICLES du Code.
Abandon du poste en présence de l'ennemi ou de rebelles armés................	Mort...............	»
Abandon sur un territoire en état de guerre ou de siége......	2 à 5 ans de prison..	»
Abandon dans tous les autres cas........	2 à 6 mois de prison.	213
Abandon étant en faction ou en vedette en présence de l'ennemi ou de rebelles armés	Mort...............	»
Abandon sur un territoire en état de guerre ou de siége....................	2 à 5 ans trav. publ.	»
Abandon dans tous les autres cas	2 mois à 1 an de prison	214
Absence du poste en cas d'alerte ou à la générale en temps de guerre ou en état de siége....................	6 mois à 2 ans de prison	214
Absence d'un militaire au conseil de guerre où il est appelé à siéger.............	2 à 6 mois de prison.	215
Achat ou recel d'effets de petit équipement	6 mois à 1 an de prison	244
Achat ou recel de chevaux, d'effets d'armement, d'équipement ou d'habillement, de munitions, ou de tout autre objet confié pour le service.............	1 an à 5 ans de prison.	244
Achat ou recel ou acceptation en gage d'armes, de munitions, d'effets d'habillement de grand et petit équipement ou de tout autre objet militaire.............	La même peine que l'auteur du délit...	247
Acte d'hostilité commis par un chef militaire sur un territoire allié ou neutre sans ordre ou provocation.............	Destitution...........	226
Armes portées contre la France..........	Mort avec dégrad. mil.	204
Attaque sans ordre ou provocation contre les troupes d'une puissance alliée ou neutre.	Mort...............	226
Capitulation avec l'ennemi.............	Mort avec dégrad. mil.	209
Capitulation en rase campagne..........	Mort avec dégrad. mil. ou destitution.....	210
Commandement pris ou retenu sans ordre ou motif légitime.............	Mort...............	228
Contrefaçon de sceaux, de timbre ou de marques militaires.............	Réclusion de 5 à 10 ans	259
Corruption dans le service, dans l'administration militaire.............	Dégradation militaire.	»

CRIMES OU DÉLITS.	PEINES.	ARTICLES du code.
— En cas de circonstances atténuantes....	Emp. de 3 mois à 2 ans.	261
Dépouillement d'un blessé	Réclusion......... ..	»
Dépouillement d'un blessé auquel il est fait de nouvelles blessures	Mort...............	249
Désertion à l'ennemi	Mort avec dégrad. mil.	238
Désertion en présence de l'ennemi	Détention de 5 à 20 ans	239
Désertion à l'étranger en temps de paix...	2 à 5 ans de trav. pub.	235
Désertion en temps de guerre, ou d'un territoire en état de guerre ou de siège. ...	5 à 10 ans de trav. pub.	236
Désertion à l'intérieur en temps de paix...	2 à 5 ans de prison..	»
Désertion à l'intérieur en temps de guerre, ou d'un territoire en état de guerre ou de siège...............	2 à 5 ans de trav. pub.	231 232
Désertion avec complot en présence de l'ennemi, ou étant chef de complot de désertion à l'étranger...................	Mort...............	»
Désertion étant chef de complot de désertion à l'intérieur...................	5 à 10 ans de trav. pub.	»
Désertion dans tous les autres cas........	Le maximum de la peine portée pour la désert.	241
Destructions volontaires d'édifices, bâtiments ouvrages militaires, magasins, chantiers, vaisseaux, navires, bateaux à l'usage des armées	Travaux forcés de 5 à 10 ans............	»
— En cas de circonstances atténuantes...	Réclusion de 5 à 10 ans ou empr. de 2 à 5 ans.	252
Destruction en présence de l'ennemi des moyens de défense de tout ou partie d'un matériel de guerre, des approvisionnements en armes, vivres, munitions, effets de campement, d'équipement, d'habillem.	Mort avec dégrad. mil.	»
Destruction hors de la présence de l'ennemi	Détention de 5 à 20 ans.	253
Destruction ou bris volontaire d'armes, des effets de campement, de casernement d'équipement ou d'habillement appartenant à l'État...............	2 à 5 ans de trav. pub.	»
— En cas de circonstances atténuantes...	Emprisonnement de 2 mois à 5 ans......	254
Destruction de registres, minutes ou actes originaux de l'autorité militaire........	Réclusion de 5 à 10 ans	»
— En cas de circonstances atténuantes...	Empr. de 2 à 5 ans..	255
Dissipation ou détournement d'armes, de munitions, effets ou autres objets remis pour le service...............	6 mois à 2 ans de prison...............	245

CRIMES OU DÉLITS.	PEINES.	ARTICLES du code.
Distribution de substances, denrées ou liquides avariés, corrompus ou gâtés......	Réclusion de 5 à 10 ans	»
En cas de circonstances atténuantes......	Empr. de 1 à 5 ans..	265
Embauchage pour l'ennemi,..............	Mort, de plus la dégradation militaire si le coupable est milit..	208
Espionnage par les ennemis sous des déguisements......................	Mort................	207
Espionnage pour l'ennemi ou recel d'espions ou d'ennemis..................	Mort avec dégradation militaire..........	206
Evasion (Auteurs ou complices d') de prisonniers de guerre ou détenus, en cas de négligence.....................	Empr. de 6 jours à 5 ans	216
Evasion en cas de connivence............	Réclusion de 5 à 10 ans, trav. f. de 5 à 20 ans trav. forc. perpétuels	216
Falsification, par un militaire, de substances matières, denrées ou liquides confiés à sa garde ou placés sous sa surveillance.	Réclusion de 5 à 10 ans.	»
— En cas de circonstances atténuantes ...	Empr. de 1 à 5 ans..	265
Faux sur les états de situation ou de revues	Trav. forc. de 5 à 20 ans	»
— En cas de circonstances atténuantes....	Réclusion 5 à 10 ans, Empr. de 2 à 5 ans	257
Faux certificats de maladie obtenus d'un médecin militaire par dons ou promesses.	Dégradation militaire.	262
Hostilités prolongées après l'avis de la paix ou d'une trève......................	Mort................	227
Incendies d'édifices, bâtiments ou ouvrages militaires, des magasins, chantiers, vaisseaux, navires ou bateaux à l'usage de l'armée.......................	Mort avec dégradation militaire..........	»
— En cas de circonstances atténuantes...	Trav. f. de 5 à 20 ans.	251
Infidélité dans le service, dans l'administration militaire	1 à 5 ans de prison..	264
Infidélité dans les états de troupes........	Trav. f. de 5 à 20 ans.	»
— En cas de circonstances atténuantes...	Réclusion de 5 à 10 ans ou empr. de 2 à 5 ans	257
Infidélité dans les poids ou mesures des rations.....................	1 an à 5 ans de prison.	258
Insoumissions.....................	6 jours à 1 an de prison.	»
Insoumission en temps de guerre.........	1 mois à 2 ans de prison	230
Instigateurs de pillage en bande, soit avec armes ou force ouverte, soit avec bris de clôture ou violences	Mort avec dégradation militaire..........	250

CRIMES OU DÉLITS.	PEINES.	ARTICLES du Code.
Insultes envers une sentinelle............	6 jours à 1 an de prison	220
Meurtres sur la personne de son hôte sur celle de sa femme ou de ses enfants	Mort................	256
Mise en gage d'effets d'armement, de grand équipement, d'habillement, ou de tout autre objet confié pour le service......	6 mois à 1 an de prison	»
Mise en gage d'effets de petit équipement..	2 à 6 mois de prison..	246
Mort donnée à un cheval ou bête de trait ou de somme employé au service de l'armée................	2 à 5 ans de travaux publics...........	»
— En cas de circonstances atténuantes....	Empr. de 2 mois à 5 ans	254
Outrages par paroles, gestes ou menaces, envers un supérieur, pendant le service ou à l'occasion du service..............	2 à 10 ans de travaux publics..........	»
Outrages hors de ce cas..............	1 à 5 ans de prison..	224
Pillages commis en bandes, soit avec armes ou force ouverte, soit avec bris de clôture ou violence..................	Mort avec dégradation militaire..........	»
Pillage dans les autres cas..............	Réclusion	230
Port illégal de décorations, d'uniformes ou d'insignes....................	2 mois à 2 ans de prison.............	266
Prévarication dans le service, dans l'administration militaire..................	Travaux forcés de 5 à 20 ans...........	»
— Suivant les cas...................	Dégradation militaire.	»
— En cas de circonstances extraordinaires.	Réclusion de 5 à 10 ans / Empr. de 3 mois à 5 ans	261 / 263
Prisonnier de guerre qui ayant faussé sa parole, est repris les armes à la main....	Mort................	204
Provocation ou assistance à la désertion par un militaire....................	Peine de la désertion.	»
Provocation par un individu non militaire..	6 mois à 5 ans de prison	242
Rébellion envers la force armée ou les agents de l'autorité, sans armes........	2 à 6 mois de prison..	»
Rébellion avec armes..................	6 mois à 2 ans de prison	»
Rébellion par plus de deux militaires sans armes.......................	2 à 5 ans de prison...	»
Rébellion avec armes..................	Réclusion de 5 à 10 ans	»
Rébellion par des militaires armés, au nombre de 8 au moins.................	Mort ou travaux publics de 5 à 10 ans selon les circonstance,...	225
Reddition de place	Mort avec dégrad. mil.	209
Refus d'obéissance pour marcher contre l'ennemi ou des rebelles armés.........	Mort avec dégradation militaire	»

CRIMES OU DÉLITS.	PEINES.	ARTICLES du code.
Refus d'obéissance sur un territoire en état de guerre ou de siége...............	5 à 10 ans de travaux publics.............	»
Refus d'obéissance dans tous les autres cas	1 à 2 ans de prison.	218
Révolte suivant la gravité des faits, selon le nombre, la position et le grade de ceux qui y participent..................	Mort, 5 à 10 ans de travaux publics.......	217
Sommeil d'un factionnaire ou d'une vedette en présence de l'ennemi ou de rebelles armées....................	2 à 5 ans de travaux publics	»
Sommeil sur un territoire en état de siége ou de guerre.....................	6 mois à 1 an de prison	212
— Dans tous les autres cas.............	2 à 6 mois de prison.	»
Soustraction commise par des comptables militaires	Travaux forcés de 5 à 20 ans............	»
— En cas de circonstances atténuantes ...	Réclusion de 5 à 10 ans empr. de 2 à 5 ans.	263
Tentative de contrainte ou de corruption n'ayant produit aucun effet...........	Emprisonnement de 3 à 6 mois.........	261
Trafic à son profit des fonds ou deniers appartenant à l'Etat ou à des militaires.	1 à 5 ans de prison..	264
Trahison........................	Mort avec dégrad. mil.	205
Usage frauduleux des sceaux, timbres ou marques militaires..................	Dégradation militaire.	260
Ventes d'effets de petit équipement........	6 mois à 1 an de prison.	244
Vente de son cheval, de ses effets d'équipement, d'armement ou d'habillement, de munitions ou de tout autre objet confié pour le service	1 à 5 ans de prison...	244
Violation de consigne en présence de l'ennemi ou de rebelles	Détention de 5 à 20 ans.	»
Violation sur un territoire en état de guerre ou de siége.....................	2 à 10 ans de trav. pub.	»
— Dans tous les autres cas	2 mois à 3 ans de prison	219
Violation envers une sentinelle ou vedette à main armée...................	Mort	»
Violences sans armes, mais en réunion de plusieurs personnes..................	5 à 10 ans de travaux publics.............	»
Violences sans armes et par une seule personne........................	1 à 5 ans de prison...	220
Voies de fait envers un supérieur avec préméditation et guet-à-pens...........	Mort avec dégradation militaire	221
Voies de fait commises sous les armes envers un supérieur..................	Mort..............	222

CRIMES OU DÉLITS.	PEINES.	ARTICLE du Code.
Voies de fait envers un supérieur pendant le service ou à l'occasion du service.....	Mort...............	»
Voies de fait hors du service ou sans que cela soit à l'occasion du service........	5 à 10 ans de travaux publics............	223
Voies de fait envers un inférieur sans motif légitime..................	2 mois à 5 ans de prison...............	229
Vol des armes et munitions appartenant à l'Etat, de l'argent, de l'ordinaire, de la solde, des deniers ou effets quelconques appartenant à des militaires ou à l'Etat, si le fonctionnaire en est comptable.....	5 à 20 ans de travaux forcés............	»
— En cas de circonstances atténuantes..	Réclusion de 5 à 10 ans ou emp. de 3 à 5 ans	»
Vol s'il n'est pas comptable............	Réclusion de 5 à 10 ans	»
— En cas de circonstances atténuantes...	Empr. de 1 à 5 ans..	»
Vol chez l'hôte..................	Réclusion de 5 à 10 ans.	»
-- En cas de circonstances atténuantes ...	Empr. de 1 à 5 ans.	»
Vols qualifiés par le code pénal ordinaire, selon les circonstances...........	Trav. forc à perpétuité trav. forc. à temps, réclus. ou empris..	248

TABLE DES MATIÈRES.

FIN.

Clichy. — Imprimerie de Paul Dupont, rue du Bac-d'Asnières, 12